다 원 가

플 라 톤 가

지식인마을 29

퀴리 & 마이트너

마녀들의
연금술 이야기

지식인마을 29 마녀들의 연금술 이야기
퀴리 & 마이트너

저자_ 박민아

1판 1쇄 인쇄_ 2008. 11. 20.
1판 1쇄 발행_ 2008. 11. 27.

발행처_ 김영사
발행인_ 박은주

등록번호_ 제406-2003-036호
등록일자_ 1979. 5. 17.

경기도 파주시 교하읍 문발리 출판단지 515-1 우편번호 413-834
마케팅부 031)955-3100, 편집부 031)955-3250, 팩시밀리 031)955-3111

값은 표지에 있습니다.
ISBN 978-89-349-2130-1 04400
      978-89-349-2136-3 (세트)

독자의견 전화_ 031) 955-3200
홈페이지_ http://www.gimmyoung.com
이메일_ bestbook@gimmyoung.com

좋은 독자가 좋은 책을 만듭니다.
김영사는 독자 여러분의 의견에 항상 귀 기울이고 있습니다.

지식인마을29

퀴리&마이트너
Marie Curie & Lise Meitner

마녀들의 연금술 이야기

박민아 지음

김영사

여성 과학자의 의미

마리 퀴리와 리제 마이트너는 여성 물리학자라는 점 외에도 비슷한 점이 많다. 여성의 대학 교육이 일상적이지 않았던 시기에 대학 공부를 했으며, 자기 나라를 끔찍이 사랑했으면서도 조국보다 타국에서 더 오래 살았다. 연구에 있어서도 두 사람은 방사성 원소라는 공통된 주제를 다루었고 이 분야의 진로를 모색하는 학회에 나란히 참석하기도 했다. 대학 졸업 직후 마이트너가 퀴리에게 편지를 보내 실험실에 자리가 있는지 문의해보았을 정도로 두 사람의 관심사는 비슷했다. 타국에 살면서 '이방인'이라는 이유로 한때 곤경에 처했었다는 점도 두 사람을 연결해준다.

이 책에서는 이렇게 공통점이 많은 두 여성 과학자의 이야기를 다루고 있다. 나는 이 책을 통해 이들의 두 가지 측면을 보여주려 한다. 첫 번째는 과학자로서의 모습을 보여주고 싶다. '마리 퀴리=라듐, 폴로늄 발견', '리제 마이트너=원자핵 분열 발견'이라는 조각 정보를 넘어, 이런 발견들을 역사적 맥락 안에 위치시키고자 한다. 다시 말해, 이들의 발견이 그 이전 과학자들의 연구에 빚진 바는 무엇이며, 뒤이어 오는 과학자들의 연구를 이끌어주고 자극했던 측면은 무엇이었는지를 보여주고 싶다. 이렇게 과학사의 흐름 속에서 두 과학자의 자리를 짚어줌으로써, 이들 각자가 여성 과학자로서의 의미 이상으로 한 명의 과학자로서 칭송받을 가치가 충분한 사람임을 강조하고 싶다.

두 번째는 여성으로서의 모습이다. 남성 중심의 사회에서 여성으로

서 겪어야 했던 어려움을 보여주고 싶다. 그런데 이들의 어려움을 되
짚어가는 과정에서 나는 이들이 겪었던 어려움은 단지 여성이라는 이
유만으로는 설명하기 힘들다는 것을 깨닫게 되었다. 퀴리나 마이트너
가 경험했던 어려움들은 여성, 외국인, 유대인 같은 사회의 소수자에
게 가해지는 차별들이 복합적으로 작용하여 나타나는 것이라 할 수
있다. 이런 점에서 독자들이 이 책을 단지 여성 과학자들이 겪었던 어
려움을 호소하는 책으로만 읽기보다는, 여성을 포함하여 사회의 소수
자들이 겪는 어려움에 대한 이야기로 이해해주었으면 좋겠다.

〈지식인마을〉을 만드는 데 끼워준 장대익 교수님께 고마움을 전하
고 싶다. 이 책을 구상할 때 옆에서 거들어준 현옥이와 문장을 다듬
는 데 도움을 준 선희 씨와 성욱이, 재미없다고 타박하면서도 내 이
야기를 잘 들어주고 맞장구를 쳐준 동욱이에게도 감사의 뜻을 전한
다. 마리 퀴리나 리제 마이트너의 부모님처럼 항상 나를 믿어주시고
응원해주시는 부모님께 감사드린다.

2008년 11월

〈지식인마을〉시리즈는…

〈지식인마을〉은 인문·사회·과학 분야에서 뛰어난 업적을 남긴 동서양대표 지식인 100인의 사상을 독창적으로 엮은 통합적 지식교양서이다. 100명의 지식인이 한 마을에 살고 있다는 가정 하에 동서고금을 가로지르는 지식인들의 대립·계승·영향 관계를 일목요연하게 볼 수 있도록 구성했으며, 분야별·시대별로 4개의 거리(street)를 구성하여 해당 분야에 대한 지식의 지평을 넓히는 데 도움이 되도록 했다.

〈지식인마을〉의 거리

플라톤가 플라톤, 공자, 뒤르켐, 프로이트 같이 모든 지식의 뿌리가 되는 대사상가들의 거리이다.

다윈가 고대 자연철학자들과 근대 생물학자들의 거리로, 모든 과학 사상이 시작된 곳이다.

촘스키가 촘스키, 벤야민, 하이데거, 푸코 등 현대사회를 살아가는 인간에 대한 새로운 시각을 제시한 지식인의 거리이다.

아인슈타인가 아인슈타인, 에디슨, 쿤, 포퍼 등 21세기를 과학의 세대로 만든 이들의 거리이다.

이 책의 구성은

〈지식인마을〉 시리즈의 각권은 인류 지성사를 이끌었던 위대한 질문을 중심으로 서로 대립하거나 영향을 미친 두 명의 지식인이 주인공으로 등장한다. 그리고 다음과 같은 구성 아래 그들의 치열한 논쟁을 폭넓고 깊이 있게 다룸으로써 더 많은 지식의 네트워크를 보여주고 있다.

초대 각 권마다 등장하는 두 명이 주인공이 보내는 초대장. 두 지식인의 사상적 배경과 책의 핵심 논제가 제시된다.

만남 독자들을 더욱 깊은 지식의 세계로 이끌고 갈 만남의 장. 두 주인공의 사상과 업적이 어떻게 이루어졌으며, 그들이 진정 하고 싶었던 말은 무엇이었는지 알아본다.

대화 시공을 초월한 지식인들의 가상대화. 사마천과 노자, 장자가 직접 인터뷰를 하고 부르디외와 함께 시위 현장에 나가기도 하면서, 치열한 고민의 과정을 직접 들어본다.

이슈 과거지식인의 문제의식은 곧 현재의 이슈. 과거의 지식이 현재의 문제를 해결하는 데 어떻게 적용될 수 있는지 살펴본다.

이 시리즈에서 저자들이 펼쳐놓은 지식의 지형도는 대략적일 뿐이다. 〈지식인마을〉에서 위대한 지식인들을 만나, 그들과 대화하고, 오늘의 이슈에 대해 토론하며 새로운 지식의 지형도를 그려나가기를 바란다.

지식인마을 책임기획 장대익
동덕여자대학교 교양교직학부 교수

Contents 이 책의 내용

Marie Curie

Chapter 1

초대

INVITATION

Lise Meitner

여성으로서 과학하기

**공부는
여자랑 안 맞아!**

몇 년 전, 한 인기 드라마에서 소개된 타로점이 어느
새 젊은층 사이의 새로운 유행으로 자리잡았다. 상징
적인 그림이 그려진 카드를 통해 운명을 예측한다는
타로(타로 카드)는 보통 메이저 카드와 마이너 카드로
이루어져 있는데, 22장의 메이저 카드에는 광대, 황제, 교황, 연
인, 죽음, 운명의 수레바퀴, 불타는 탑 등 사람의 성격이나 취향,
그 사람이 처한 상황을 묘사하는 특징적인 그림들이 그려져 있
다. 그중에는 남성인 황제와 교황에 대비되는 여성으로 여왕과
여사제의 카드도 포함되어 있다. 흥미로운 것은 이 두 카드가 담
고 있는 의미다.

여왕 카드는 다산多産과 행복한 결혼 및 가정생활을 상징한다.
남녀를 불문하고 사회적으로 최고의 지위에 오른 존재일지라도
여왕은 그저 '여성'일 뿐이다. 반면 여사제는 여왕과는 정반대
다. 책을 좋아하고 학문에 힘쓰는, 일종의 '전문직 여성'인 여사
제는 차가운 지성과 남다른 사고력을 지닌 존재이지만, 결벽적

타로카드 다산과 행복한 결혼을 상징하는 여왕(오른쪽)과 지성과 사고력을 상징하는 여사제(왼쪽)의 타로카드

이고 여성으로서 별 매력이 없다. 한마디로 여성성이 결여된 존재인 것이다.

타로 카드의 기원에 대해서는 별로 알려진 바가 없으나 대략 14세기경 유럽에서 널리 퍼졌다고 한다. 카드에 그려져 있는 그림의 기본 모습도 대부분 중세와 르네상스 시기의 유럽 사회를 반영하는 것이다. 따라서 타로 카드 안에 그려진 여왕이나 여사제가 담고 있는 의미는 중세와 르네상스 시기의 여성에 대한 사회적 통념을 반영한 것으로 이해할 수 있을 것이다. 여성의 행복이란 결혼과 출산을 통해야 이루어질 수 있다는 생각, 여성이 공부를 하는 것은 자연스럽지 못하다는 생각이 바로 그것이다.

그로부터 500년이나 지난 19세기에도 이런 여성상은 그다지 변하지 않았다. 19세기 초반에 그려진 다음의 그림을 보자. 공부하는 여성을 풍자적으로 그린 이 그림에서 공부는 여전히 여성

과학에 취미를 붙인 여성을
풍자적으로 표현한 그림

에게 어울리지 않는 일이다. 아름다운 몸매와 화려한 드레스를
대신하는 것은 네모반듯하고 두껍기 그지없는 책들뿐이고, 풍성
한 깃털 장식 모자가 있어야 할 자리엔 깃털 펜이 꽂힌 잉크병이
올려져 있다. 이 그림이 그려진 지 200년이 흐른 지금 여성을 바
라보는 우리 사회의 시각은 얼마나 많이 변했을까?

성녀가 되거나
마녀가 되거나

세자르 카푸르 감독의 〈엘리자베스^{Elizabeth}〉(1998)는
잉글랜드 여왕 엘리자베스 1세$^{Elizabeth\ I,\ 재위\ 1558~1603}$를
다룬 영화로, 역사물로도 재밌지만 여성을 다룬 영화
로도 흥미롭다. 조용한 전원을 배경으로 펼쳐지는 영
화의 첫 장면에서 엘리자베스는 시녀들과 함께 춤을 배우며 깔
깔대고 웃는, 철모르는 20대 초반의 아가씨일 뿐이다. 그러나 그

녀는 곧 가톨릭과 영국국교회가 첨예하게 대립했던 잉글랜드 종교개혁의 소용돌이 속으로 던져진다. 독실한 가톨릭 신자였던 이복언니 메리 1세Mary I of England가 후사 없이 건강이 악화되자 가톨릭 세력은 영국국교회의 상징적 인물이었던 엘리자베스를 런던탑에 감금한다. 죽음의 공포 속에서 엘리자베스는 그저 겁에 질려 떨고 있는 연약한 한 여자의 모습이다.

메리 1세가 죽고 잉글랜드의 여왕이 되었지만 엘리자베스에게 세상은 여전히 무서운 곳이었다. 가톨릭과 국교회의 갈등은 계속되었고, 귀족들은 빨리 결혼해서 후사를 낳으라고 엘리자베스를 재촉하다 못해 침실까지 들어와 엘리자베스를 닦달하기까지 했다. 게다가 로마 교황청에서는 그녀를 암살하라는 비밀 명령까지 내리고 이웃 나라 스코틀랜드의 여왕인 사촌 메리Mary I of Scotland가 호시탐탐 잉글랜드의 왕위를 넘보고 있다.

영화는 순진하고 연약하기만 했던 엘리자베스가 정치적 난관과 개인적인 아픔을 딛고 어떻게 강인한 여왕으로 변화해가는지를 보여준다. 이런 변화의 클라이맥스는 영화의 마지막 장면이다. 정적들을 모두 제압한 엘리자베스는 고민에 빠진다. 가톨릭 정적들은 사라졌지만 국교회가 자리를 잡은 것도 아니고, 유럽 대륙의 강국들 속에서 섬나라 영국의 지위는 아직도 불안했다. 백성들에게는 정치적 혼란으로 야기된 불안감을 가라앉혀줄 강력한 군주와 종교개혁의 와중에 놓쳐버린 신앙을 대신할 새로운 믿음이 필요했다. 결국 엘리자베스는 자신을 새로운 믿음의 상징으로 세우는 방법을 선택한다. 가톨릭 성모 마리아의 자리를 대신해 여왕 자신이 살아 있는 성모의 상징이 되기로 결심한 것이다. 긴 머리를 짧게 자른 후 중성적인 가발을 쓰고, 얼굴은 표정이 드러나지 않을 정도로 하얗게 짙은 화장을 한다. 그렇게 스스로 성모가 된 여왕에게 이제 개인적인 여성으로서의 삶은 없다. "나는 잉글랜드와 결혼했습니다." 엘리자베스는 평생 결혼하지 않았다.

13세기 프랑스에서 시작되었다는 마녀사냥은 서유럽 전역으로 퍼져 1400~1600년 사이에 가장 극렬히 이루어졌다. 마녀재판의 희생자 중 가장 대표적인 인물이 바로 잔 다르크$^{Jeanne\ d'Arc,}$ $^{1412~1431}$이다. 영국과 백년전쟁$^{1337~1453}$을 치르고 있던 프랑스에 신의 계시를 받아 프랑스를 구하러 왔다는 10대 시골 처녀가 등장했다. 진짜 신의 사자였던 까닭인지 아니면 심리적인 영향 덕분이었는지 영국에 밀리던 프랑스는 잔 다르크의 등장 이후 전세를 역전시킬 수 있었다. 그러나 1430년 콩피에뉴^{Compiègne}에서 잔 다르크는 영국과 부르고뉴^{Bourgogne} 연합군에 포로로 잡히게 되었다. 하지만 프랑스 왕은 몸값 협상에 적극적으로 나서 잔 다르크를 구하려 하지 않았다. 속설에 따르면 프랑스 내에서 잔 다르크의 대중적인 인기가 높아지고 그녀를 따르는 사람들이 많아지는 것에 위기를 느꼈기 때문이라고 한다. 프랑스의 외면 속에서 영국은 신속하게 잔 다르크를 마녀로 몰아갔다. 마녀 혐의를 입중하기 위해 70명 가까운 법률 자문관을 구성했으며 재판에 드는 비용까지 모두 부담했다. 이에 비해 잔 다르크는 혼자였다. 변호해줄 사람도, 증언해줄 사람도 없었고, 심지어 그녀는 글을 읽고 쓸 줄조차 몰랐다. 재판은 여러모로 잔 다르크에게 불리하게 진행되었다. 그녀의 혐의 중에는 전투 중에 머리를 자르고 남장을 했다는 죄목도 포함되어 있었다. 여자가 남장을 하거나 남자가 여장을 하는 것을 종교적 금기로 여기던 시대에 남장을 하고 남성의 영역인 전장을 누비는 잔 다르크는 마녀라는 혐의를 받기에 충분했다. 결국 1431년 5월 잔 다르크는 화형을 언도받고 다음 날 바로 화형에 처해졌다. 유골이 백성들의 숭배의 대상이 될까 두려워 화형은 세 차례에 걸쳐 이루어졌고 그 재는 곧장

잔 다르크
백년전쟁 중에 마녀라는 혐의로
화형에 처해지는잔 다르크의 모습을 그린 그림

센강에 뿌려졌다고 한다. 1456년에서야 교황청은 잔 다르크의 무죄를 선언했으며, 1920년에는 그녀를 성인으로 인정했다.

남성의 사회 속에 여성이 참여하는 일은 예나 지금이나 쉽지 않다. 대다수의 남성들이 여성이 남성의 영역에 들어오는 것을 달가워하지 않기에 더욱 그렇다. 자신들의 영역에 침입해 들어오는 이질적인 존재, 정상에서 일탈한 것으로 보이는 존재에 대해 남성들은 뭔가 '그럴듯한' 설명이 있기를 기대한다. 근대 이전에는 종교가 그 설명을 제공해주었다. 남성의 영역에 들어온 여성은 종교적인 의미를 지닌, 좀 별다른 여성이라는 것이다. 앞에서 보았던 엘리자베스 1세의 경우, 그녀는 자신을 성모 혹은 성처녀로 상징화했다. 그 이미지를 통해 젊은 여왕이 갖는 한계를 장점으로 바꾸려 했던 것이다. 기독교에서 최고의 여성이지만 성적인 상징성을 지니지 않은 중성적인 성모의 이미지로 남성들 영역 속에 들어간 여성의 이질감을 중화시킬 수 있었다. 가장 남성적인 장소인 전쟁터에 뛰어든 잔 다르크 역시 신의 계시를 받은 성녀의 이미지가 여성의 이질성을 극복하는 데 도움이 될 수 있었지만, 적이었던 영국인들에게 이것은 마녀의 이미지로 역전되어버렸다.

근대 초 마녀사냥의 광풍 속에서 많은 사람들이 이단으로 몰려 화형당하거나 각종 처벌을 받았다. 마녀사냥이라는 이름에서 알 수 있는 것처럼, 여기에 희생당한 사람의 80%는 여성, 그것도 대부분이 40대 이상의 나이 많은 여성들이었다. 독신이나 과부였던 이들은 생계 유지를 위해 산파가 되거나 민간 의술을 행했고, 가축을 치료하는 일을 하기도 했다. 즉 이들은 뭇 여성들과 달리 집 바깥의 영역에서 일하면서 남성과 여성의 경계를 흐렸던 것이다. 마녀사냥이 시작되었을 때 가장 손쉽게 마녀의 굴레를 씌울 수 있는 사람이 바로 이들이었다. 태어나던 아기가 잘못되거나 아이를 낳던 산모가 세상을 떠났을 때, 병든 가축이 죽었을 때, 사람들의 좌절과 분노는 이들에게 집중되었고 이들은 쉽게 이단재판에 회부되었다. 어쨌든 남성들의 영역에 들어간 여성들은 성녀가 되거나 마녀가 되어야만 했다.

**여성 과학자,
여성이자 과학자**

자신이 알고 있는 여성 과학자를 한 명만 떠올려보자. 보통 이런 질문을 던졌을 때 사람들 대부분은 한 명을 아주 쉽게 답한다. 마리 퀴리Marie Curie, 1867~1934. 그렇다면 또 다른 여성 과학자를 생각해보자. 이 질문에 대답을 하는 이들은 많지 않다. 그 이유는 뭘까? 근대 과학만 따져도 400년 가까이 되는 그 긴 역사 속에서 과학자로서 활동한 여성의 수가 너무 적을 뿐만 아니라 그마저도 잘 알려져 있지 않기 때문이다.

다른 분야도 마찬가지지만 유독 과학에 종사하는 여성은 많지 않다. 역사적으로 그래왔고 현재도 그 상황은 크게 달라지지 않았다. 과학은 오랫동안 남성의 영역으로 여겨져왔으며, 그렇기에 이 영역으로 들어간 여성들은 엘리자베스 1세나 잔 다르크처럼 성녀가 되거나 마녀가 되어야 했다. 남성 과학자들의 전유물이었던 과학 단체에 입회를 거부당할 때나 남성 과학자 덕분에 성공했다는 비난을 들을 때, 여성 과학자는 당대의 과학계에서 마녀가 되어야 했다. 반면 남성 동료들로부터 인정받을 때나, 후대 과학사학자들로부터 희생적이고 숭고한 연구열을 칭송받을 때 여성 과학자는 고귀한 성녀처럼 대접받았다. 그런데 성녀가 되든 마녀가 되든 여성 과학자들에 대해서는 그들의 정체성을 구성하는 많은 요소 중 '여성'으로서의 모습이 상대적으로 강조되어왔다. 즉, 남성들의 보이지 않는 차별 속에서 여성으로서 교육을 받는 것이 얼마나 힘들었는지, 여성으로서 과학을 연구하는 일이 얼마나 어려운 것이었는지 등 여성으로서 겪어야 했던 사회적 어려움에 초점이 맞추어져왔던 것이다.

　사회적 제약을 강조한 연구들은 천성적으로 여성은 과학에 맞지 않는다는 주장을 효과적으로 반박했다. 즉, 여성 과학자가 드물었던 것은 여성의 본성이나 지적 능력 때문이 아니라, 여성들이 과학에 참여할 수 있었던 기회가 사회적으로 제한되어 있었기 때문이라는 것이다. 그러나 이런 식의 연구가 쌓이면서 이제 이에 대한 반성적 접근이 필요한 시점이 되었다. 기존 연구들은 여성 과학자의 과학적 연구를 상대적으로 소홀히 다루어왔다는 점에서 아쉬움이 남기 때문이다.

　"그것이 무슨 문제랴? 과학자든 다른 무엇이든 여성이 겪어야 했던 사회적 불평등과 차별을 제대로 보여주기만 하면 되는 것 아닌가?" 이런 반문이 나올 수도 있을 것이다. 그러나 여성이 겪은 그동안의 불평등을 반복적으로 보여줌으로써 우리는 오히려 여성을 정말로 남성과 화해하기 힘든 존재로 만드는 것은 아닐까? 또한 이런 이야기들을 되풀이함으로써 실제 여성 과학자들이 겪었던 불평등은 어떤 감동이나 분개도 일으키지 못하는 식상한 이야기가 될 위험은 없는가?

무엇보다 '여성'의 특수성을 강조하는 연구들은 전혀 의도하지 않았음에도 불구하고 그 여성이 수행한 과학적 연구에 대해 충분히 관심을 기울이지 못하도록 만드는 경향이 있다. 즉 여성 과학자가 겪었던 사회적인 어려움에 눈을 돌리다 보니 남성 과학자를 연구할 때 일반적으로 묻는 질문들을 놓치곤 하는 것이다. 여성 과학자의 구체적인 학문적 성과는 무엇인지, 그 여성에게 영향을 준 지적 맥락은 무엇이었는지, 그것이 과학의 역사에서 지니는 의미는 무엇인지 등 핵심적인 내용을 부차적인 것으로 만들어버린다.

여성 과학자는 여성이지만 동시에 과학자이기도 하다. 가부장적인 사회 속에서 여성이라는 불리한 조건에도 불구하고 과학적 성과를 남겼다는 것은 대단한 일이지만, 단지 그것만으로 여성 과학자의 연구에 가치를 부여하는 데는 한계가 있다. 오히려 그 여성 과학자의 업적 및 활동을 그것이 나온 지적, 사회적 맥락 속에서 고찰하고 평가함으로써 우리는 진정 그 여성 과학자에 대해 제대로 된 평가를 할 수 있지 않을까?

**마리 퀴리와
리제 마이트너,
마녀들 이야기**

이 책에서는 마리 퀴리와 리제 마이트너^{Lise Meitner, 1878~} ¹⁹⁶⁸, 두 여성 과학자를 다룬다. 10여 년의 나이 차가 있는 두 사람은 과학자로서 그리고 인간으로서 여러 가지 공통점을 갖고 있다. 과학자로서 보자면 두 사람은 20세기 원자물리학의 발전에 지대한 공헌을 했다. 마리 퀴리는 방사능과 방사성 원소 라듐(원소기호 Ra, 원자번호 88), 폴로늄(원소기호 Po, 원자번호 84)을 발견하여 20세기 원자물리학의 문을 열었고, 리제 마이트너는 원자핵분열을 발견하여 원자물리학 분야의 기술적 응용의 문을 열었다. 이들이 발전시킨 20세기 원자물리학은 중세 연금술사들이 꿈꿔왔던 '물질의 인공 변환'을 가능하게 한 가히 '현대판 연금술'이라 할 만한 것이었다. 이런 점에서 이들은 연금술의 꿈을 실현시킨 '마녀들'이다.

이들의 공통점은 그 연구 성과가 사회적인 유용성으로까지 이어졌다는 점에서도 찾을 수 있다. 퀴리가 발견한 방사능은 처음부터 의학적 활용 가능성이 예견되었고, 실제로 퀴리는 1차 세계대전 당시 큰딸 이렌 퀴리^{Irène Curie, 1897~1956}와 함께 방사능 검사 기구로 부상당한 병사들을 치료하러 다니기도 했다. 한편 마이트너의 원자핵분열 연구는 원자폭탄의 이론적 원리를 제공한 것으로, 연구 결과가 발표된 1939년 직후 과학자들 사이에서 그 잠재적 위험성이 인식되어 관련 논문의 발표를 자제하자는 제안이 나오기도 했다. 그러나 곧이어 발발한 2차 세계대전 중에 마이트너의 연구는 결국 핵폭탄 개발로 이어졌다. 하지만 정작 마이트너 본인은 핵폭탄 연구에 참여해달라는 요청을 거절했다.

여성에게 고등교육의 기회가 제대로 주어지지 않았던 시대에 과학계에 진출했다는 것도 두 여성 과학자의 공통점이다. 모국을 떠나 이방인으로서 낯선 외국에서 살았다는 점도 같다. 퀴리는 그렇게도 사랑했던 폴란드를 떠나 프랑스에서 과학자로서의 열정을 펼쳤고, 오스트리아 출신의 마이트너도 1907년부터 1938년 히틀러의 유대인 박해로 망명의 길에 오를 때까지 30년이 넘는 세월을 독일에서 생활했다.

과학, 그중에서도 물리학은 특히 다른 어떤 학문보다도 남성적인 성향이 강한 분야로 여겨졌다. 이 '딱딱한 과학hard science' 계에서 마리 퀴리, 리제 마이트너, 두 명의 여성 과학자는 어떻게 훌륭한 업적을 남길 수 있었던 것일까? 그들이 극복해야 했던 시대적 장벽과 사회적 편견은 무엇이었을까? 여성으로서 그들이 극복해야 했던 제약은 무엇이었으며, 역으로 여성이기에 유리했던 점에는 무엇이 있었을까? 과학을 선택했기에 부딪혀야 했던 어려움은 어떤 것이었으며, 반대로 과학을 했기에 얻을 수 있었던 이점은 무엇이었는가?

본격적으로 퀴리와 마이트너를 만나기 전에, 1장에서는 그들보다 먼저 과학자의 길을 걸었던 18세기 여성 과학자 세 명의 사례를 비교해 여성 과학자들이 부딪혔던 시대적 제약과 사회적 편견이 무엇이었으며 그들이 어떻게 그 모든 시련을 이겨내고 성공한 여성 과학자의 지위에 오를 수 있었는지를 살펴보려고 한다. 2장에서는 '여학생' 퀴리와 마이트너의 모습을 중심으로 19세기 후반 여성 과학 교육의 문제를 짚어본다. 3장에서는 그녀들 곁에 있었던 남성들과의 관계를 중심으로 '여성'으로서 퀴리와 마이트너의 삶을 지켜본다. 4장에서는 '연구자'로서 퀴리와 마이트너의 과학 활동을 원자물리학의 발전이라는 맥락 속에 자리매김하고, 5장에서는 열악한 환경 속에서도 자신의 연구소를 방사능 연구의 중심지로 이끈 과학 리더, 퀴리의 모습을 통해 여성 과학자의 리더십 문제를 짚어볼 것이다. 마지막 6장에서는 외국인이라는 '마이너리티' 신분으로 인해 이들이 겪었던 어려움들을 살펴보고 한 개인을 결정하는 복합적인 정체성의 문제를 잠시 살펴보는 기회를 갖도록 한다.

**여성들의
자기 이름 찾기**

'만남'으로 건너가기 전에 잠깐 '이름'에 대해 몇 마디 해야겠다. 몇 년 전, 한 외국 여성 학자의 연구를 찾을 일이 있었다. 그런데 이런저런 검색 방법으로 그 학자의 연구를 찾았으나 어찌 된 일인지 그 이름으로 나온 연구는 하나도 없었다. 결국 그 학자와 친분이 있는 사람에게 문의했더니, 돌아온 답장에는 짧게 다음과 같이 적혀 있었다. "그 이름 말고, 이 이름으로 찾아봐." 알고 보니, 내게 처음 그 여성 학자를 알려준 사람은 현재 남편의 성을 붙여 이름을 알려주었는데, 그 여성 학자는 결혼 후에도 예전 이름을 계속해서 사용했던 것이다.

내가 겪은 일은 서양 여성들이 결혼을 하면 남편 성을 따라 이름을 바꾸는 풍습 때문에 생긴 혼란이었는데, 이 글을 쓰면서 나는 다시 같은 혼란에 부딪히고 있다. 리제 마이트너는 평생 독신으로 살았기 때문에 문제가 없지만, 마리 퀴리의 경우엔 문제가 복잡하다. 그녀는 평생을 세 개의 이름으로 살았다. 폴란드에선 마냐 스크워도프스카Manya Skłodowska로, 프랑스 유학 중엔 프랑스어식으로 마리 스크워도프스카Marie Skłodowska로, 결혼 후에는 남편인 피에르 퀴리Pierre Curie, 1859~1906를 따라 마리 퀴리로 이름을 바꾸었다. 내가 만난 폴란드 학생들은 마리 퀴리란 이름 대신 마냐 스크워도프스카로 그녀를 기억하고 있었다. 또한 우리나라에서는 마리 퀴리보다 '퀴리 부인Madame Curie'으로 더 많이 알려져 있다. 비교적 익숙한 '마리 퀴리'로 부르는 것이 좀 더 편하기는 하겠지만, 여성들의 문제를 다루고 있는 이 책의 성격에 맞게 조금 불편하더라도 그때그때 그녀를 구별 지어준 이름들을 사용하도록 하겠다. 이에 따라 폴란드 시절은 마냐 스크워도프스카 혹은 마냐로, 파리 유학 시절은 마리 스크워도프스카 혹은 마리로, 피에르 퀴리와의 결혼 이후는 마리 퀴리라는 이름으로 그녀를 부르기로 하겠다. 이 점에 대해 미리 독자들에게 양해를 구한다.

만남

MEETING

역사 속의 여성 과학자

수렴청학의 시대

조선시대에는 왕이 너무 어린 나이에 즉위해서 정사를 살피기 힘들면 왕대비나 대왕대비, 즉 왕의 어머니나 할머니가 왕을 대신해 '수렴청정垂簾聽政'을 했다. 여기서 '수렴'이란 '발을 늘어뜨림' 혹은 '늘어뜨린 발'이란 뜻으로, 왕대비나 대왕대비가 발 뒤에 앉아 중요한 사안을 결정한 데서 연유한 말이다. 이때 발은 유교가 지배하는 남성 중심 가부장적 문화 속에서 '남녀칠세부동석'을 지키기 위한 형식적인 장치이자, 여성이 공적인 일에 참여하는 것에 대한 불편함을 감추기 위한 장치이기도 했다.

동양에 수렴청정이 있었다면, 근대 초 서유럽에는 '수렴청학垂簾聽學'이 있었다. 수렴청학이란 말 그대로 늘어뜨린 발 뒤에 앉아 학문을 배운다는 것이다. 수렴청학의 주인공은 17세기 초 네덜란드에 살았던 아나 마리아 판 스휘르만Anna Maria van Schurman, 1607~1678

이다.

　아나 스휘르만이 살았던 17세기에는 여성에게 대학 교육을 받을 수 있는 기회가 거의 주어지지 않았다. 여성들이 사회로 진출할 수 있는 통로 자체가 없었기에 교육의 필요성도 대두되지 않았다는 것이 한 이유이기도 했지만, 또 다른 원인은 대학의 역사적 맥락에 있다. 중세에 기원을 둔 유럽의 대학들은 선생과 학생이 모여들어 공동의 공간에서 숙식을 함께하며 공부를 한 데서 시작되었다. 따라서 대학은 교육기관에 기숙사의 기능이 결합된, 일종의 남성 생활공동체였다. 그런 기숙사에 여성이 들어갔을 때 남성들이 느낄 당혹감은 쉽게 상상이 될 것이다. 이런 문제 때문에 대학은 여성들에게 매우 배타적이었다.

　이런 상황에서도 간혹 재능 있는 여성들이 대학의 문을 두들기곤 했는데 아나 스휘르만이 그런 예에 속했다. 대학 수업을 듣고 싶었던 그녀는 위트레흐트 대학의 히스버르트 풋^{Gisbert Voet,} _{1589~1676} 신학 교수에게 청강을 허락해달라고 부탁했다. 다행히도 그녀의 요청이 받아들여져 수업을 들을 수 있었지만 한 가지 조건이 있었다. 같이 수업을 듣는 남학생들의 동요를 막기 위해, 그리고 여성이 수업을 듣는 것에 대해 제기될 수 있는 반발을 줄이기 위해, 커튼 뒤에 숨어서 수업을 들어야 한다는 것이었다. 수렴청정에서 발이 남성들의 공간에서 여성을 숨기는 역할을 했다면, 수렴청학에서는 커튼이 그 역할을 했던 것이다. 어쩌면 '커튼청학' 이라는 표현이 더 어울릴 듯싶다.

여성이 대학의 문턱을 넘기도 힘들었던 17세기 대학에서 학위를 받은 여성이 있다는 이야기를 들으면 놀라지 않을 수 없다. 이 놀라움의 주인공은 바로 이탈리아 베네치아의 엘레나 코르나로 피스코피아Elena Cornaro Piscopia, 1646~1684이다. 당시 이탈리아에서는 각종 과학아카데미들이 번성하며 귀족들의 사교 모임인 살롱과 대학을 잇는 교량 역할을 했다. 아카데미에서 대학 교수들과 만나 자연철학을 논한 귀족들은 살롱에서도 과학을 여흥거리의 하나로 즐겼다. 살롱과 가까웠던 이탈리아의 대학들은 프랑스나 영국의 대학보다 귀족의 영향을 더 많이 받았는데, 엘레나 피스코피아가 대학에서 학위를 받을 수 있었던 데는 이와 같은 이탈리아 대학의 특수한 상황이 중요하게 작용했다. 베네치아 귀족이라는 배경이 그녀가 학위를 받는 데에 중요하게 작용했던 것이다. 여성의 학위 수여식이 얼마나 진귀한 일이었는지, 1678년 그녀가 파도바 대학에서 철학 학위를 받았을 때 2만 명이 넘는 사람들이 그 광경을 구경하려고 몰려들었다고 한다.

여성 최초의 대학 교수는 같은 이탈리아 출신의 라우라 바시Laura Bassi, 1711~1778였다. 바시는 여성으로는 두 번째로 대학 학위를 받았다. 볼로냐에서 변호사의 딸로 태어난 바시는 집안 주치의이자 대학 교수인 가에타노 타코니Gaetano Tacconi에게서 고전과 자연철학을 배웠고, 곧 그녀의 실력에 대한 소문이 퍼졌다. 이 소문을 듣고 그 실력을 확인해볼 심산으로 바시를 찾아왔던 사람들은 바시의 뛰어난 논변에 감탄했고 그들의 입을 통해 그녀는 "철학의 괴물monster in philosophy"로 유명해졌다.

바시의 재능에 탄복한 사람 중에는 람베르티니^{Prospero Lambertini, 1675~1758} 추기경도 포함되어 있었다. 그는 바시에게 볼로냐의 귀족들과 유명 인사들 앞에서 공개 토론을 해보는 것이 어떻겠냐고 제안했다. 1732년 4월 17일, 볼로냐의 명사들이 모인 자리에 선 바시는 5명의 볼로냐 교수들이 던진 49개 질문에 막힘없이 대답하며

여성 최초로 대학 교수가 된 라우라 바시

자신의 실력을 입증했다. 그 결과 볼로냐 대학은 바시에게 학위를 수여했고, 대학 교수 자리까지 제공하기로 결정했다.

유서 깊은 볼로냐 대학은 중세 이래로 역사와 전통을 자랑해왔으나 18세기 들어 그 명성이 쇠퇴하고 있었다. '최초의 여성 교수' 바시는 볼로냐 대학에 활기와 명성을 되돌려줄 존재로 여겨졌다. 엘레나 피스코피아의 학위 수여식에 2만 명이 넘는 인파가 모여들었던 것을 생각하면 이러한 기대는 결코 허황된 것이 아님을 알 수 있다.

대학과 볼로냐시는 여성 자연철학자로서 바시가 가지는 '신기함'에 기대를 걸고 바시를 대학과 시^市의 상징으로 내세웠다. 세상이 바시에게 기대한 역할은 박식한 자연철학자나 훌륭한 교육자가 아니라 '흥행거리'이자 '얼굴마담'이었다. 바시는 대학의 공식 행사가 열릴 때마다 '관객'을 끌기 위해 의무적으로 얼굴을 내비쳐야 했다. 대학을 후원해주는 유명 인사나 귀족들의 결혼

식에 축시를 써서 바치는 것도 그녀가 해야 할 일 중 하나였다. 바시를 볼로냐 대학의 상징물로 만들기 위해 대학은 그녀를 '볼로냐 대학의 미네르바^{Minerva}(지혜의 여신)'로 치켜세웠고, 심지어 대학과의 결혼을 상징하는 반지를 선물하기까지 했다. 여성 자연철학자라는 진귀함 덕분에 대학에서 자리를 얻을 수 있었지만, 막상 교수가 되고 나니 그 지위가 그녀에게는 오히려 족쇄가 되었다.

자신이 자연철학을 연구하든지 말든지 그런 것 따위에는 관심도 없고 오직 볼로냐 대학의 상징으로만 남아주기를 바라는 주위의 많은 사람들. 세간의 지속적인 관심과 후원을 위해 남자가 아닌 대학과 결혼한 채로 평생을 지내야 하는 상황. 자연철학자로서, 인간으로서 개인적인 삶을 포기하고 학교를 위해서만 존재해야 하는 현실 속에서 바시는 어떤 선택을 했을까?

바로 이 지점에서 바시의 용감한 면모가 드러난다. 바시는 주위의 기대를 알고 있었고, 그 기대에 부응하지 않았을 때 사람들이 던질 비난도 역시 알고 있었다. 하지만 그녀는 비난이 두려워 하고 싶은 일을 포기하지는 않았다. 1738년 그녀는 대학의 기대를 저버리고 같은 대학의 자연철학자 조반니 베라티^{Giovanni Giuseppe Veratti, 1707~1793}와 결혼했다. 그리고 그와의 사이에서 8명의 자식을 낳았다.

자연철학자로서 바시의 이력도 계속 쌓여갔다. 뉴턴주의 물리학에 정통했던 바시는 볼로냐 대학을 뉴턴주의 실험물리학의 중심지로 만들기 위해 애썼다. 특히 전기학에 뉴턴주의 실험물리학을 적용하는 연구에 집중했다. 또한 그녀는 뉴턴주의 물리학의 주요 주제들, 예를 들면 중력, 수력학, 굴절과 같은 주제들에 대한 연구도 소홀히 하지 않았다. 이런 노력에 대해 1744년 열 렬한 뉴턴주의자였던 프랑스의 볼테르^{Voltaire, 1694~1778}는 다음과 같 은 편지로 바시의 연구를 칭송했다.

> 런던에는 바시, 당신 같은 사람이 없습니다. 영국인들의 아카
> 데미[런던 왕립학회]가 뉴턴을 낳기는 했지만, 거기에 속하는
> 것보다 당신이 속해 있는 볼로냐 아카데미의 회원이 되는 것
> 이 내게는 더욱더 기쁜 일이었을 것입니다.

1776년 볼로냐 과학아카데미의 실험물리학 교수 자리가 공석 이 되었다. 이 자리를 두고 몇 명의 이름이 거론되었고 그중에서 도 바시의 남편인 베라티는 유력한 후보로 점쳐졌지만 실험물리 학자로서 명성을 날리고 있던 바시의 경우엔 의견이 분분했다. 역시 여성이라는 점이 문제였다. 그러나 이번에도 바시는 용감 하게 나섰다. 남편인 베라티는 부인에게 방해가 될까 싶어 그 자 리를 사양했고, 이어 바시 본인은 자신이 아카데미 교수에 적합 한 후보임을 강력하게 주장하고 나섰다. 자신을 지지해줄 유력 한 후원자들을 동원했던 것은 물론이다. 남편의 양보와 바시의 적극성 덕에 결국 볼로냐 과학아카데미의 실험물리학 교수 자리 는 바시에게 돌아갔다.

여성의 사회 진출에 대해 보수적이었던 18세기 유럽 대학이라 는 제도권 내에서 바시는 어떻게 이와 같은 성공을 이룰 수 있었 을까? 우선 바시 주변의 든든한 남성 후원자들을 들 수 있다. 바

시의 강력한 후원자였던 람베르티니 추기경이나 재능 있는 동료로서 부인을 인정하고 밀어준 남편이 없었다면 바시의 재능만으로 보수적인 사회의 장벽을 뛰어넘기는 힘들었을 것이다. 새로운 학문인 실험철학을 선택하여 시대를 앞서 간 것도 성공의 한 요인으로 볼 수 있다. 실험철학자의 역할이 정립되지 않았던 상황에서 여성인 바시가 비집고 들어살 가능성이 비교적 컸던 것이다.

　그렇지만 가장 중요했던 것은 바시 자신이 이기적으로 행동할 수 있었기 때문이 아닐까? 후원자들이 그녀에게 아낌없는 지지를 보낸 것은 여성이라는 이유만으로 그녀의 재능이 사장되는 것이 안타까워서가 아니었다. 그들 대부분은 바시의 '상품성'에 주목했다. 예를 들어 후에 교황 베네딕토 14세^{Benedictus XIV, 재위 1740 ~ 1758}가 된 람베르티니 추기경은 바시에 쏟아지는 관심을 이용해 볼로냐시와 대학에 활기를 불어넣음으로써 학문의 보호자라는 명성을 얻고자 했다. 하지만 바시는 그들의 기대에 자신을 맞춰가는 대신, 오히려 그들의 기대와 여성으로서 자신이 지니는 진귀함을 적극적으로 이용하면서 자신의 야망을 하나씩 실현해나갔다. 스스로 내조 잘하는 아내의 자리에 머물며 남편을 교수 자리로 밀어올리기보다 남편의 외조를 받아 자신이 그 자리에 올라갔다. 유독 여성들에게만 희생, 헌신, 보살핌과 같은 가치들이 강하게 요구되는 속에서 '착한 여자'가 되기를 포기하는 것은 오늘날에도 그리 쉽지 않은 선택이다. 18세기 바시는 사회가 요구하는 착한 여자 대신 스스로가 바랐던 삶을 산 '이기적인' 여성이었다.

샤틀레 후작부인
혹은
볼테르의 정부

몇 년 전 청소년을 대상으로 한 설문조사가 이루어졌다. 설문 내용은 "대기업 같은 곳에서 고위직에 오른 여성을 보면 무슨 생각이 드는가?"였다. '훌륭하다, 멋있다, 능력 있다' 등의 답이 나왔지만, 가장 많이 나온 반응은 그리 긍정적이지 않다. 1위는 "그 여자 남편은 도대체 뭐 하는 사람일까?"였다. 이렇게 오늘날에도 여성은 여전히 독립적인 존재로 인정받기보다는 누구의 부인 혹은 누구의 어머니로서 인식되고 있다.

동·서양 역사를 돌이켜 봐도 탁월한 능력에도 불구하고 그 자신으로서 제대로 인정받지 못하는 여성들이 존재한다. 에밀리 뒤 샤틀레Émilie du Châtelet, 1706~1749 후작부인이 그 전형적인 예이다. 그녀에 대해 설명할 때면 항상 '볼테르의 연인' 혹은 '볼테르의 정부'라는 말이 먼저 나온다. 다시 말하면, 샤틀레 후작부인은 독립된 자연철학자로서 평가를 받기보단 볼테르의 '부속물'로 간주되어왔던 것이다. 진정 그녀는 볼테르와의 관계를 통해서만 언급되고 인정받을 수 있는 존재일까?

그녀의 본명은 가브리엘 에밀리 르 토늘리에 드 브르퇴이 Gabrielle Émilie Le Tonnelier de Breteuil, 1706~1749. 19세에 샤틀레 후작 플로랑 클로드Florent Claude du Châtelet와 결혼, '샤틀레 후작부인'이 되었다. 학문에 대한 그녀의 열정은 결혼 전부터 시작되었으나, 본격적으로 빛을 발한 것은 결혼 후 세 아이를 낳은 후부터였다. 샤틀레 부인은 유명한 수학자 피에르 모페르튀이Pierre Maupertuis, 1698~1759 에게 수학을 배웠고, 1733년 볼테르를 알게 되었다. 당시 영국 망명 생활을 마치고 돌아온 볼테르는 영국의 종교, 정치, 문화와 뉴턴주의 과학을 소개한 『철학서신(영국서한)Lettres philosophiques』 (1734)을 준비하고 있었다. 샤틀레 부인은 볼테르를 통해 뉴턴주의 과학을 접하게 되었고, 문학과 철학, 과학을 향한 공통의 열정으로 두 사람은 연인이 되었다.

'볼테르의 정부'라는 이미지와는 달리, 실제로 볼테르를 보호했던 것은 샤틀레 후작부인이었다. 1734년 볼테르가 자신의 비판적인 작품이 문제가 되어 체포될 위기에 처하자, 샤틀레 부인은 그를 상파뉴 지방의 시레Cirey에 있는 자신의 성으로 피신시켰다. 그녀의 시레 별장에는 학자와 문인들이 몰려들어 연극과 문학, 철학에 대해 끊임없이 토론을 했고, 물리 실험실도 만들어서 자연철학 실험을 하기도 했다. 시레 별장이 계몽주의 시기의 전형적인 살롱 역할을 하는 동안 그녀의 남편은 간혹 파리에 들러 볼테르의 구명 운동에 나섰다.

샤틀레 부인이 볼테르를 통해 뉴턴 역학을 소개받긴 했지만, 자연철학 실력은 정작 볼테르보다 한 수 위였다. 특히 뉴턴의 대작 『자연철학의 수학적 원리Philosophiae Naturalis Principia Mathematica』(1687, 이하 『프린키피아』)의 복잡한 기하학적 증명들을 이해하는 데는 볼테르보다 모페르튀이에게 수학을 배운 샤틀레 부인이 훨씬 뛰어났다. 1738년 프랑스 과학아카데미Académie des sciences가 불의 성질에 대한 논문을 공모하자 그녀는 「불의 특성과 그 전파에 관한 논문Dissertation sur la nature et la propagation du feu」을 제출했다. 상은 독일 출신 수학자에게 돌아갔지만, 그녀의 논문은 그 가치를 인정받아 1744년 프랑스 과학아카데미가 경비를 대는 조건으로 출판되었다. 프랑스 과학아카데미 공모에는 볼테르도 응모했다고 하니

샤틀레 후작부인 18세기 프랑스 자연철학자 샤틀레 후작부인. 그녀의 손에는 귀족부인의 초상에 어울리지 않게 컴퍼스가 들려 있다.

연인들이 하나의 상을 두고 경쟁에 나선 셈이다.

샤틀레 부인의 자연철학 연구는 뉴턴주의에만 국한되지 않았다. 그녀는 특히 라이프니츠$^{Gottfried\ Wilhelm\ von\ Leibniz,\ 1646~1716}$의 자연철학을 통해 뉴턴주의 물리학에 대한 비판적인 안목을 키웠다. 대표적인 예로 '보존량'의 문제를 들 수 있다. 두 물체가 충돌할 때 보존되는 물리량이 무엇인가를 두고 뉴턴 물리학에서는 운동량(질량과 속력을 곱한 값, mv)을, 라이프니츠 물리학에서는 비스 비바$^{vis\ viva}$('살아 있는 힘'의 의미로, 운동 에너지의 두 배인 mv^2)를 각각 주장하고 있었다. 샤틀레 부인은 라이프니츠의 견해를 받아들여 뉴턴 물리학을 비판했고, 1740년에는 자신의 비판적인 시각을 발전시킨 「물리학의 체제$^{Institutions\ de\ Physique}$」를 발표하여 독자적인 자연철학 세계관을 형성해갔다. 이로 인해 뉴턴주의의 열렬한 신봉자였던 볼테르와 논쟁을 벌이기도 했다.

자연철학의 관점 차이에도 불구하고 샤틀레 부인과 볼테르의 친밀한 관계는 지속되었다. 심지어 시인 생랑베르$^{Jean-François\ de\ Saint-Lambert,\ 1716~1803}$가 샤틀레 부인의 새 연인이 된 후에도 볼테르와 샤틀레 부인은 함께 지내며 동료로서의 관계를 유지했다. 1745년 샤틀레 부인은『프린키피아』를 프랑스어로 번역하는 작업에 착수했다. 1749년 그녀가 출판을 보지 못한 채 산고로 사망하자 볼테르가 그 일을 대신해, 1756년 볼테르가 서문을 쓴 프랑스어판『프린키피아』일부가 출판되었고 1759년에는 완역본이 출판되었다. 이는 아직까지도 유일한 프랑스어판 번역본으로 남아 있다.

샤틀레 후작부인은 볼테르를 통해 뉴턴 물리학을 알게 되었지만, 볼테르라는 존재와는 독립적으로 스스로 과학을 배우고 자신만의 자연철학 세계관을 만들어갔다. 철저한 뉴턴주의자였던 볼테르와는 달리, 그녀는 뉴턴주의 물리학을 좀 더 비판적으로 평가했다. 이런 점에서 샤틀레 후작부인은 볼테르의 연인으로서가 아니라 18세기 프랑스의 자연철학자로 기억되어야 할 것이다.

남편의 그늘에 가린 마담 라부아지에

산소의 발견을 둘러싸고 벌어지는 일을 그린 〈산소 Oxygen〉라는 연극이 있다. 우리나라에서도 몇 차례 공연된 적이 있는 〈산소〉는 1981년 노벨 화학상을 수상한 로알드 호프만[Roald Hoffmann, 1937~] 코넬 대학 교수와 화학자 칼 제라시[Carl Djerassi, 1923~] 스탠퍼드 대학 교수가 함께 쓴 작품으로, 노벨상 위원회에서 과거의 뛰어난 과학적 발견에 대해 "거꾸로 노벨상"을 주기로 하면서 그 후보를 찾아 나서는 것으로 시작된다. 위원회는 산소 발견에 대해 노벨상을 주기로 합의를 보는데, 그 이후부터가 골칫거리였다. 산소라는 물질을 처음 발견한 스웨덴의 칼 빌헬름 셸레[Carl Wilhelm Scheele, 1742~1786], 공식 논문으로는 최초로 산소라는 물질을 소개했으나 지금과는 다른 방식으로 산소를 이해했던 영국 화학자 조지프 프리스틀리[Joseph Priestley, 1733~1804], 오늘날 우리가 아는 바대로 산소의 정체를 정확히 밝혀낸 프랑스 화학자 앙투안 라부아지에[Antoine Lavoisier, 1743~1794]. 그들 중 과연 누구에게 산소 발견의 영예를 안겨주어야 하는가? 〈산소〉는 산소의 발견자가 누구인가를 둘러싸고 발견의 우선권 문제를 중점적으로 다루지만, 그와 함께 세 화학자의 옆에 있던 부인들(셸레의 경우에는 조력자)을 등장시켜 여성의 과학 활동에 대한 문제를 함께 제기한다. 그중 라부아지에의 부인은 산소 발견에 있어서나 우선권 문제 해결에 있어서 매우 중요한 역할을 하지만, 극 중 그녀의 푸념처럼 남편도 세상도 그것을 알아주지 않는다.

라부아지에와 그의 부인 마리안 산소의 발견자로 유명한 18세기 프랑스 화학자 라부아지에와 부인 마리안 폴즈. 마리안 은 남편의 화학 연구를 바로 옆에서 도 운 능력 있는 실험 조수였다.

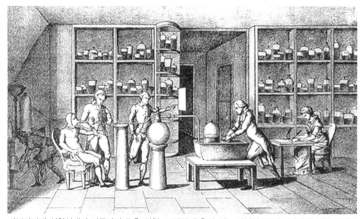

라부아지에 실험실에서 이루어진 호흡 실험. 그림의 우측에 있는 마리안 폴즈는 남편의 실험 데이터를 기록하거나 실험기구를 그리는 일을 도왔다.

마리안 피에레트 폴즈^{Marie-Anne Pierrrette Paulze, 1758~1836}는 1772년 라부아지에와 결혼했다. 마리안 폴즈는 따로 과학 교육을 받지 않았지만 영리하고 재능 많은 여성이었다. 라부아지에는 집 창고를 화학 실험실로 개조하고 사재를 쏟아부어 매우 정교한 실험기구들을 장만했다. 마리안은 이런 남편의 옆에서 실질적인 조력자 역할을 했다. 영어를 읽지 못하는 남편을 대신해 영어로 발표된 화학 논문들, 예를 들면 프리스틀리의 논문을 프랑스어로 번역해 알려줬고, 남편이 실험을 하면 그 옆에서 실험 데이터를 기록하는 실험 조교 역할을 하기도 했다. 그림 실력 또한 뛰어나서 남편이 쓴 『화학 원론^{Traité élémentaire de chimie}』(1789)에 들어간 실험도구 그림들을 손수 그리기도 했다. 이처럼 자신이 직접 연구를 기획하지는 않았지만, 그녀는 라부아지에의 산소 발견에서 빠질 수 없는 존재였다.

마리안 폴즈처럼 남성 과학자의 연구에 실질적인 도움을 주었던 여성은 과학의 역사에서 수도 없이 많았을 것이다. 하지만 그녀들의 존재는 많이 알려져 있지 않다. 남성 과학자에게 가려 보이지 않았고, 정작 자신도 스스로 목소리를 내려고 하지 않았기 때문이다.

과학 그리고 여성

바시와 샤틀레 후작부인은 여성의 과학 활동이 힘들었던 시기에 자신의 이름으로 성과를 남긴 매우 드문 예에 속하는 사람들이다. 과학적 재능 외에도 그들이 속했던 사회의 정치적 상황(바시)이나 특권적 신분(샤틀레 후작부인), 그리고 자신의 목소리를 내려는 적극적인 태도가 이를 가능하게 해주었다. 그러나 이들의 사례는 매우 특수한 상황에 속한다. 더욱 일반적인 것은 마리안 폴즈처럼 과학 연구에 참여했음에도 불구하고 그에 대한 정당한 평가를 받지 못했거나, 혹은 타고난 재능에도 불구하고 사회적인 여건 속에서 자신의 재능을 꽃피울 기회를 얻지 못한 경우들일 것이다. 여성이라는 조건은 제도적인 과학 교육 기회의 부재, 과학자 사회에 소속될 기회의 부재를 의미했기 때문이다.

바시, 샤틀레 후작부인, 마리안 폴즈의 시대에서 100여 년쯤 지난 19세기, 이런 상황은 과연 어떻게 바뀌었을까? 이제 마리 퀴리와 리제 마이트너를 통해 19세기 여성 과학 교육의 현장으로 들어가보자.

여성 과학자가 되는 길

19세기까지 여성이 과학자가 되는 것은 정상에서 한참이나 벗어난 일이었다. 과학사학자 마거릿 로시터$^{Magaret\ Rossiter}$에 따르면 19세기 사람들에게 '여성 과학자'는 모순적인 용어였다. 마치 '둥근 네모'라는 말처럼, 19세기의 고정관념 속에는 '여성'과 '과학자'는 교집합을 가지지 않는 상호 배타적인 개념이었다. 19세기 여성 과학자는 과학자로 보기에는 이상한 여성이었고, 여성으로 보기에는 별난 과학자였다. 퀴리와 마이트너는 이처럼 '여성 과학자'라는 말이 단순히 낯선 것을 넘어 잘못 쓴 용어처럼 보이기까지 하던 시기에 과학자의 길을 택한 여성이었다. 누구나 예상하고 있는 것처럼 그런 그들 앞에는 수많은 장벽이 있었고 그 장벽을 뛰어넘는 것은 생각처럼 쉬운 일이 아니었다. 19세기 여성 과학 교육에 대한 프랑스와 독일의 반응으로 이 장을 시작해보자.

**과학은
엄마에겐
안맞아**

"여성에게 물리학이나 화학을 가르치는 것에 대해 어떻게 생각하세요?"

"물리학이나 화학을요? 그것도 여성에게요? 가당치도 않은 소리지요!"

"아니, 왜요? 집안일을 하는 여성들이 과학을 배우면 '과학적인 살림'을 할 수 있지 않겠어요? 그러면 남편도, 아이들도 더 과학적으로 보살필 것 아닙니까?"

"허, 이거 답답한 말씀 하시네요……. 여성들에게 물리학이나 화학을 가르치면 아는 체나 하는 까다로운 사람이 되고 말 겁니다. 생각해보세요. 그런 걸 배운 여성이 집안에서 살림이나 제대로 하려고 하겠습니까? 그런 여성이라면 남편 뒷바라지도, 애 보는 일도 다른 사람에게 맡겨놓을 겁니다. 아, 간혹 집안일에 참견하기는 하겠군요. 이런 식으로 말이지요. 유모가 아이한테 음식을 먹일라치면 고고하게 팔짱을 끼고 서서는 '내 아이에게 사카린을 넣은 이유식을 주는 건 아니겠죠?'라고 소리치겠지요."

이 말은 19세기 후반, 그것도 전직 교육부 장관이었던 사람의 입에서 나온 말이었다. 1882년, 프랑스 교육부 장관을 역임했던 쥘 시몽 ^{Jules Simon, 1814~1896}은 여성에게 과학을 가르치는 것을 "정말 쓸모없는 일"이라고 일소해버렸다. 물리학이나 화학을 배운 여성은 쓸데없이 아는 체하며 주변 사람들을 이래저래 피곤하게 만든다는 것이었다.

1789년 프랑스혁명의 인권선언 ^{Déclaration des droits de l'homme et du citoyen}에서 원칙적으로 성^性의 평등이 천명되었지만 그것이 사회 구석구석, 사람들 머릿속 구석구석에 스며들기까지는 꽤 오랜 시간이 흘러야 했다. 다른 유럽 국가들에 비해 비교적 일찍 여성에게 대학 문을 열었던 프랑스였지만 시몽과 같은 사람들의 생각이 일반적이었기 때문인지 실제로 프랑스에서 대학에 진학했던 여성 중에는 프랑스 여학생들보다 마리 퀴리와 같은 외국인이 더 많았다고 한다.

독일의 상황도 그다지 다르지 않았다. 19세기 독일에서는 여성들에게 공부를 '많이' 시켜도 문제가 없을지에 대해 아주 진지한 논의들이 이루어졌다. 여성 교육을 반대하는 사람들은 지나친 지적 활동이 여성의 건강을 해치는 것은 아닌지 우려의 목소리를 내곤 했다. 생물학적 본성상 출산과 양육에 적합하게 발달한 여성의 에너지를 머리 아픈 지적 작업에 쏟아붓게 해서는 안 된다는 것이었다. 그중에는 여성이 지적인 일을 하게 되면 출산에 필요한 에너지가 부족해져 불임으로 이어진다고까지 주장하는 사람들도 있었다.

독일의 대표적 이론물리학자 막스 플랑크[Max Planck, 1858~1947]●도 여성 교육에 대해 쌍수를 들고 환영하지는 않았다. 1897년 독일어 교수인 아르투르 키르히호프[Arthur Kirchhoff]가 편집한 『대학의 여성[Die Akademische Frau]』은 여성 교육에 대한 104명의 교수와 강사들의 생각을 묶어놓은 책인데, 여기서 플랑크는 이론물리학 분야에서의 여성 교육에 대해 약간은 회의적인 견해를 내비쳤다.

내가 대표로 나와 있는 이론물리학 분야에서는, 내가 아는 한, 그 문제[여성 교육]가 아직은 특별히 언급해야 할 만큼 그렇게 민감한 사안은 아니다. …… 여성이 이론물리에 특별한 재능을 타고났다면, 자주는 아니지만 가끔 그런 경우가 있기는 한데, 그리고 거기에 더해 그 여성이 그 재능을 더 발전시키고 싶어 한다면, 개인적으로든 일반적으로든, 원칙을 이유로 그 여성에게 공부할 기회를 거부하는 것은 옳지 못하다고 생각한다. 대학의 질서와 양립할 수만 있다면 대학의 승인을 받아 여학생을 받아들이는 것에 기꺼이 동의할 것이고 내 강의와 실습에

막스 플랑크

흑체복사 법칙을 세우면서 '에너지는 불연속적인 값을 취한다'는 '에너지 양자' 개념을 도입해 20세기 물리학의 기초가 된 양자역학의 포문을 연 이론물리학자. 양자론 창시의 공로로 1918년 노벨 물리학상을 받았다.

들어오는 것을 막지 않을 것이다. 그리고 이 점에 있어서 나는 지금까지 긍정적인 경험을 해온 바이기도 하다. 반면에, 나는 그런 사례들이 예외로 간주되어야 한다는 점 또한 지적해야겠다. 일반적으로, 자연이 여성에게 어머니와 아내로서의 기능을 부여했고 자연의 법칙은 어떤 상황에서도 무시할 수 없는 것이기 때문이다. 지금 우리가 논의하는 이런 이슈에서 자연의 법칙이 무시되었을 때 나타날 위험은 다음 세대에서 명백하게 나타날 것이기 때문이다.

여성 교육의 문제가 여성을 대학에 들어올 수 있게 할 것인가, 말 것인가에 국한된 문제였다면, 어쩌면 여성에게 대학 문은 훨씬 빨리 열렸을 것이다. 그러나 플랑크의 생각에서 엿볼 수 있는 것처럼 이 문제는 단지 교육의 문제가 아닌 여성의 사회적 기능의 변화와도 관련된 것이었다. 여성의 고등교육은 여성이 전문

직업인으로 나갈 가능성을 열어두는 것이었고 그것은 여성의 사회적 기능이 가정 내의 어머니, 아내에서 바깥 사회의 전문 직업인으로 이동해가는 것을 의미했다. 이는 여성이 출산과 양육이라는 전통적인 기능을 제대로 수행하지 않을 수도 있다는 우려와 함께, 남성이 다른 남성으로도 부족해 이제는 여성과도 전문 직업을 두고 경쟁을 해야 할지 모른다는 두려움을 유발했다. 이런 이유들 때문에 여성의 대학 교육, 과학 교육이 제도적으로 정착되기까지는 꽤 많은 시간이 필요했고 사회적인 인식이 바뀌기까지는 더 많은 시간이 필요했다. 실제로 독일에서는 1901년 여성에게 대학 문이 열렸지만 1908년이 되어서야 프로이센 전역에서 공식적으로 여성의 대학 교육에 대한 허가가 떨어졌다.

자, 이제 여성에게 교육의 기회가 제대로 주어지지 않은 시기에 그 낯선 길에 들어선 퀴리와 마이트너의 학창 시절로 들어가 보자.

멀고 험난한 대학문

퀴리 부인으로 더 잘 알려져 있는 마냐 스크워도프스카는 1867년 11월 7일 러시아 지배하의 폴란드 바르샤바에서 태어났다. 그 당시 폴란드는 우리나라와 비슷한 역사적 시련을 겪고 있었다. 개화기 서구 제국주의 열강과 일본, 중국 사이에 끼여 주권을 빼앗겼던 우리나라처럼, 18세기 말~20세기 초에 폴란드도 강대국 사이에서 고통스러운 역사를 겪어내야 했다. 1795년 약소국 폴란드를 둘러쌌던 프로이센, 러시아, 오스트리아 3국이 폴란드인의 의사와는 전혀 상관없이 폴란드를 세 지역으로 나누어 분할통치하면서 폴란드 식민지 역사가 시작되었다. 이후 폴란드인들은 몇 차례 독립 운동을 펼쳤지만 모두 실패했고, 1831년 대규모 무장봉기가 실패했을 때는 1만 명 이상의 폴란드인이 국외로 망명해야만 했는데, 그중에는 음악가 쇼팽Frédéric Chopin, 1810~1849도 포함되어 있었다. 1863년 또 한 차례의 대규모 독립 운동이 있었으나 이 또한 실패로 끝나자 러시아의 가혹한 보복이 뒤따랐다. 수천 명의 폴란드인들이 감옥에 갇히거나 시베리아 강제수용소로 보내졌다. 폴란드 국왕의 자리를 러시아에서 보내온 총독이 대신했고, 폴란드의 역사와 언어 교육이 전면 금지되었다.

몇 차례의 무장봉기가 실패로 끝나자 혁명보다 점진적인 개혁을 통해 폴란드의 독립을 이룰 수 있다는 주장이 대두되었다. 이런 주장을 하는 사람들은 교육을 통해 개인을 각성시키는 계몽 운동이 그 출발점이라고 주장했다. 따라서 이들에게 폴란드 독립의 키워드는 '교육'이었다. 그러나 러시아의 정치적인 억압 속에서 폴란드어, 폴란드 역사 교육은 금지되었으므로, 이들은 러시아 당국의 눈을 피해 이 집의 서재, 저 집의 거실 등으로 옮겨가며 비밀리에 폴란드인을 교육시켰다.

폴란드 지식인들 사이에서는 교육과 계몽을 통해 폴란드인을 각성시키는 것이 급선무라는 신념이 힘을 얻고 있었다. 진보적인 지식인이자 교사였던 마냐 스크워도프스카의 부모도 이 생각을 공유하고 있었기에 5명의 자식들에게 늘 교육의 중요성과 조국 폴란드를 향한 애국심을 강조했다.

부모의 확고한 교육관에도 불구하고 마냐가 고등교육을 받는 길은 그리 순탄치 않았다. 집안 사정이 나날이 악화되어갔기 때문이다. 마냐가 7살이 되던 무렵, 아버지는 폴란드 지지 성향으로 인해 공립학교 교사를 그만두어야 했고, 설상가상으로 가족들의 건강도 나빠져 1876년에는 언니 조시아Zosia가, 2년 후에는 어머니가 차례로 세상을 떠났다. 경제적 어려움과 가족을 잃은 정신적인 충격으로 마냐의 학업은 간헐적으로 중단되곤 했지만, 성적은 늘 최상위를 유지해 1883년에는 제3 김나지움*을 수석으로 졸업했다. 당시 폴란드 대학은 여성을 받아들이지 않았으므로(폴란드 대학들은 1915년이 되어서야 여성의 대학 입학을 허가한다) 마냐는 대신 '이동대학'을 다녔다. 폴란드의 이동대학은 장소를 옮겨가며 공부를 했던 것에서 비롯된 이름으로 전문적인 교사 없이 공부에 참여한 사람들이 돌아가면서 교사의 역할을 맡았다. 예를 들어 마냐가 여성 노동자들에게 폴란드어를 가르치고 본인은 프랑스어, 독일어, 러시아어를 배우는 식이었다. 심훈의 『상록수常綠樹』에 나오는 야학처럼, 폴란드의 이동대학은 식민지인들의 교육을 통해 애국심과 민족주의를 고취시키는 계몽의 장소였던 셈이다.

폴란드에서 대학 교육을 받을 방법이 없자, 마냐와 언니 브로냐Bronya는 여성의 대학 입학을 허용하고 있던 프랑스로 눈을 돌렸다. 둘은 품앗이로 공부할 계획을 세웠다. 먼저 브로냐가 의학을 공부하는 동안 마냐가 학비를 대주고, 브로냐가 학업

🏛 김나지움
유럽 일부 국가의 중등 교육기관의 이름으로, 초등학교와 대학교 사이의 교육과정에 해당한다. 독일, 오스트리아, 네덜란드, 스웨덴, 덴마크, 폴란드 등지에 존재하며 나라마다 제도에 조금씩 차이가 있다.

을 마치면 마냐의 학비를 브로냐가 도와주기로 했다. 언니의 학비를 벌기 위해 1886년 마냐는 조라프스키Zorawski가에 가정교사로 들어가게 되는데, 이 시기는 그녀의 일생에서 매우 중요한 전환점이 되었다. 아이들을 가르치고 남는 시간에 허버트 스펜서Herbert Spencer, 1820~1903의 『사회학 원리Principles of Sociology』, 알프레드 다니엘의 『물리학』, 폴 베르Paul Bert, 1833~1886의 『해부학과 생리학』 등 사회학, 과학, 문학에 걸쳐 다양한 책들을 공부하면서 마냐는 자신의 관심이 점차 수학과 물리학으로 집중되는 것을 깨닫게 되었다. 이를 계기로 마냐는 실험과 분석적인 연구가 함께 이루어지는 물리학을 전공해야겠다고 결심했다.

1891년 11월, 브로냐의 공부가 끝나고 드디어 마냐는 파리로 가는 기차에 몸을 실었다. 기차 안에서 자신의 이름도 프랑스어식으로 '마냐'에서 '마리'로 바꾸었다. 이렇게 마리 스크워도프스카의 본격적인 물리학 연구가 시작되었다.

리제 마이트너는 1878년 11월 7일, 마리 퀴리가 태어난 지 딱 11년째 되는 날, 오스트리아 빈에서 유대인 집안의 8남매 중 셋째 아이로 태어났다. 2차 세계대전 중에 자행된 히틀러의 유대인 학살이 잘 알려져 있기는 하지만, 그전에도 유대인들은 고난의 역사를 감내해야 했다. 리제 마이트너가 태어나기 30년 전까지만 해도 오스트리아에서 유대인은 자유롭지 못했다. 유대인들은 '유대인령'에 의해 일반 사람들보다 더 많은 세금을 납부해야 했고 도시 거주에도 제약이 따랐다. 때로는 '게토^{ghetto}'라고 불리는 장소에서만 거주하도록 규제를 받기도 했는데, 게토의 영역은 한번 정해지면 확장이 어려웠기 때문에 시간이 지날수록 좁은 지역 안에 인구가 늘어나면서 위생 환경이 나빠졌다. 게토 밖으로 나설 때도 의무적으로 유대인을 상징하는 표시를 하고 다녀야 할 때도 있었는데, 이 표시를 보고 유대인을 괴롭히거나 놀리는 사람도 있었다. 1848년 오스트리아의 황제 프란츠 요제프 1세$^{Franz Joseph I, 재위 1848~1916}$가 '유대인 해방령'을 발표하고 나서야 도시 이주 제약 등 유대인에게 가해지던 공식적인 차별이 상당수 사라지게 되었다.

리제 마이트너의 아버지 필리프 마이트너$^{Phillip Meitner}$는 유대인 해방령의 혜택을 누린 거의 첫 세대로, 해방령 덕에 도시에서 교육받고 전문직에 종사할 수 있었다. 진보적이었던 마이트너의 부모는 자녀 교육에서 자율과 책임을 매우 중요시해 아이들에게 자신의 내부에서 들려오는 소리에 귀 기울일 것을 강조했다. 어머니는 아이들을 앉혀놓고 "나와 네 아버지 말씀을 잘 따르렴. 그러나 생각은 너희 스스로 해야 한단다"라고 말하곤 했다. 이런 부모의 가르침 덕에 마이트너는 가부장적인 문화가 강했던 당시 빈의 분위기 속에서 공부를 계속할 수 있었다.

19세기 후반의 빈은 활기에 넘친 도시였지만 동시에 보수적인 사회였다. 특히 여성에게는 더욱 보수적이어서 여성이 세상에 대한 지식을 갖추는 것 따위는 기대하지 않았다. 빈에서 '모범' 여성이 되려면 무지하고 멍청하고 단순해야 했다.

마이트너는 자유로운 부모 밑에서 19세기의 모범적인 여성에 어울리지 않게 자랐다. 조용하고 내성적이었지만 호기심이 많았다. 원하는 게 많지는 않아도 일단 원하는 것이 있으면 그것을 이루기 위해 용기를 내고 신중하게 천천히, 그러나 포기하지 않고 추구해나가는 성격이었다. 일례로 할머니가 안식일에 바느질을 하면 하늘이 무너진다며 자수를 못 하게 하자, 직접 확인해보기로 한 어린 마이트너는 한 땀 떠보고 하늘 한 번 쳐다보고, 한 땀 또 뜨고 또 하늘 쳐다보기를 몇 번이고 해본 뒤, 아무 일도 일어나지 않는 것을 확인하자 계속 자수를 해나갔다고 한다.

당시 빈에서는 여성의 대학 교육이 원칙적으로 불가능했다. 대학에 가려면 김나지움 졸업시험이자 대학 입학 자격시험인 마투라Matura를 통과해야 했는데 김나지움은 남자들에게만 허용되었다. 여학생을 위한 공립학교가 존재하기는 했지만 14세까지만 다닐 수 있었고, 그마저도 교육 수준이 높지 않았다. 열네 살이 된 1892년, 공립학교 수료증을 받아 든 마이트너가 공부를 계속할 수 있는 곳은 없었다. 마이트너는 별 의욕 없이 학생들에게 프랑스어를 가르치고 어린 남동생 발터를 돌보며 시간을 보냈다. 하고 싶은 수학과 물리학을 공부할 수 없는 상황에서 그녀는 좌절감을 느꼈다.

1897년 마이트너에게 희소식이 들려왔다. 오스트리아 대학이 여성에게도 문호를 개방한 것이다. 게다가 이 조치로 대학을 나온 여성에 대한 수요가 늘 것이 예상되자 김나지움을 나오지 않은 여성도 마투라만 통과하면 대학에 들어갈 수 있는 자격을 주기로 했다. 마이트너는 다른 두 명의 여성과 함께 스터디 그룹을

빈에서 공부하던 시절 마이트너의 모습

만들어 김나지움에서 8년 동안 배워야 하는 공부를 2년 안에 마치기 위해 밤낮으로 공부했다. 그리스어와 라틴어, 수학, 물리학, 식물학, 동물학, 광물학, 심리학, 논리학, 종교, 독문학, 역사 등 공립학교에서 제대로 접해보지 못했던 과목들을 공부하며 잃어버린 8년의 시간을 채워 나갔다.

1901년 마이트너는 마투라 시험을 쳤다. 시험을 본 14명 중에서 겨우 4명만이 통과했는데, 마이트너도 그 안에 포함되어 있었고, 물리학자 루트비히 볼츠만^{Ludwig Boltzmann, 1844~1906}의 딸인 헨리에테^{Henriette}도 있었다. 1901년 10월, 드디어 마이트너는 빈 대학에 입학했다. 스물세 살, 대학생치고는 늦은 나이였다.

마리의 유학생활

마리 스크워도프스카가 파리에 도착했을 때 의학 공부를 마친 언니 브로냐는 같은 폴란드 출신 의사인 카시미르 들루스키^{Casimir Dluski}와 막 결혼을 한 상태였다. 파리 생활 초기에 마리는 신혼살림을 차린 언니의 집에서 학교를 다녔다. 그런데 마리만큼이나 언니와 형부 카시미르도 폴란드인의 계몽과 폴란드의 독립에 열성적이어서 언니의 집은 비슷한 생각을 지닌 폴란드인들의 정치적 회합 장소가 되었다. 마리도 그 모임에 자주 참석하곤 했는데, 이 소식을 들은 아버지는 마리에게 소르본 근처로 거처를 옮길 것을 권했다. 파리에도 폴란드인들을 감시하는 사람들이 있다는 소문을 듣고, 마리가 폴란드로 돌아왔을 때 곤욕을 겪지는 않을까 걱정했던 것이다.

마리 스크워도프스카의 힘들었던 파리 유학 시절 이야기는 이렇게 해서 시작된다. 소르본 대학 시절, 마리는 대학 근처의 다락방에서 살았다. 난방도 되지 않고 볕도 잘 들지 않아 겨울이면 가지고 있는 옷을 모두 껴입고 추위를 견뎌내야 했다. 뿐만 아니라 빵과 버터, 차로 연명해야 하는 열악한 환경 속에서도 마리의 학업에 대한 열정은 지칠 줄 몰랐다.

하지만, 마리가 겪어야 했던 고된 유학 생활은 당시 파리에 유학 온 외국 학생들의 전형적인 생활 모습이었다. 대부분이 부족한 생활비로 하루하루를 버텨나갔다. 그럼에도 유독 그녀의 힘들었던 생활이 강조되어왔던 것은 왜일까? 이에 대해서는 몇 가지 이유를 짐작해볼 수 있다. 첫째로는 일반적인 전기적 서술 방식에서 나타나는 전형적인 영웅·위인담에서 훗날의 성공을 더욱 극적으로 보이게 하기 위해 고난을 강조한 것이 아닌가 추측해볼 수 있다. 둘째로는 그녀의 최초이자 가장 권위 있는 전기가 딸 에브 퀴리Ève Curie, 1904~2007에 의해 쓰였다는 점과 연결 지어 생각해볼 수 있는데, 춥고 배고픈 것이 당시 일반적인 유학생의 생활이었다고 하더라도 그것이 내 피붙이의 경험이었다면 더욱 각별한 경험으로 다가오지 않았을까? 마지막 요인은 과학자의 일반적인 이미지와 관련지어 생각해볼 수 있다. 과학을 위하여 일신의 편안함을 포기하는 과학자의 희생적인 이미지는 일반적인 영웅·위인담에서보다 더 많이 강조되는 측면이 있다. 그런 면에서 마리의 힘든 유학 생활도 과학 연구를 위해 대학 시절부터 자기 몸을 희생하며 연구에 전념하는 과학자의 전형적인 모습에 맞추어 더욱 강조된 것은 아닐까?

본격적인 과학 공부

공립학교에서 물리와 수학을 가르쳤던 마냐의 아버지는 주말이면 어린 딸에게 실험기구 사용법을 가르쳐주곤 했다. 또 그녀는 파리에 오기 2년 전부터 사촌 요제프 보구스키Jozef Boguski가 운영하는 시립 물리학 연구소에서 실험실이 비는 시간을 이용해 물리학이나 화학 논문에 나온 실험을 해보기도 했다. 그러나 폴란드에서는 정식으로 물리학을 공부하거나 물리학자가 되는 훈련을 쌓지 못했다. 물리학자로서 그녀를 키워낸 곳은 파리였다.

1891년 파리에 도착한 '마리 스크워도프스카'는 소르본 대학 자연과학부에 등록했다. 그해에 소르본 자연과학부에 등록한 여학생은 전체 1,800명 중에 겨우 23명뿐이었고, 그 대부분도 마리와 같은 외국인들로, 오히려 프랑스 여성은 드물었다.

당시 소르본에서는 가브리엘 리프만Gabriel Lippmann, 1845~1921, 폴 아펠Paul Appell, 1855~1930, 폴 펭르베Paul Painlevé, 1863~1933, 마르셀 브리유앵Marcel Brillouin, 1854~1948, 앙리 푸앵카레Henri Poincaré, 1854~1912 같은 쟁쟁한 물리학자들이 학생들을 가르치고 있었다. 리프만은 광학과 전자

기학 분야의 전문가로 실험물리학에서 두각을 나타낸 학자였는데, 마리가 파리에 간 그해에 컬러 사진기법을 발명하여 그 공로로 1908년 노벨 물리학상을 수상했다. 아펠과 브리유앵은 이론물리에 뛰어난 수리물리학자였으며, 푸앵카레는 국제적으로 이름이 나 있던 물리학자이자 수학자로, 뛰어난 직관으로 예리하게 물리학 문제들을 지적해내는 것으로 유명했다. 마리는 푸앵카레에게서는 수리물리학과 직관적으로 문제를 찾아내는 방법을 배웠고, 리프만으로부터는 문제에 맞게 실험을 설계하고 정확하게 수행하는 훈련을 받았다.

뛰어난 물리학자들 아래서 밤잠을 아껴가며 공부한 덕에 1893년 마리는 물리과학 학사 자격시험을 1등으로 통과했다. 곧이어 폴란드인에게 주는 알렉산드로비치 장학금을 받아, 1894년에는 2등으로 수학 학사 자격시험을 통과했다. 동시에 그녀는 리프만의 연구실에서 일하며 박사 논문을 준비하기 시작했다. 파리에서의 공부가 조금씩 결실을 맺어가고 있었다.

1901년 스물세 살의 나이에 빈 대학에 입학한 리제 마이트너는 잃어버린 시간을 채우기 위해 공부에만 몰두했다. 물리학, 미적분학, 화학, 식물학 등 한 주에 25시간씩 수업을 듣고 실험을 하고 토론에 참여했다.

대학에서 마이트너의 재능을 처음 알아본 사람은 미적분학 교수 레오폴트 게겐바우어Leopold Gegenbauer, 1849~1903였다. 마이트너를 눈여겨본 게겐바우어는 두 번째 학기에 그녀를 불러 이탈리아 수학자의 논문을 한 편 주며 잘못된 점을 찾아보라고 했다. 마이트너가 논문의 오류를 잡아내는 데 성공하자 게겐바우어는 출판을 권유했다. 그러나 교수의 도움을 받아 한 일을 자신의 이름으로 출판하는 것이 정당해 보이지 않았기에 마이트너는 게겐바우어의 제안을 정중히 거절했고, 이 일로 게겐바우어와 마이트너는 불편한 관계에 놓이게 되었다고 한다. 이 일화에서도 알 수 있듯이, 그녀는 스스로에게 정직할 것을 매우 중요하게 생각했으며 자기 과시 따위는 그녀 안에 자리잡을 여지가 없었다. 이런 성향과 내성적인 성격 때문에 마이트너는 매번 얼마간의 시간이 지난 뒤에야 제 실력을 인정받곤 했다.

게겐바우어와의 일로 수학에서 멀어진 마이트너의 관심을 끈 것은 물리학이었다. 당시 빈 대학의 물리학과는 두 가지로 유명했는데, 하나는 너무 낡고 당장이라도 무너질 것 같아 '생명을 위협할 수준'이라고 소문난 물리학과 건물이었고, 다른 하나는 세계적인 물리학자였다. 마이트너는 대학 2학년 때부터 6학기 동안 해석역학부터 전기와 자기, 탄성, 유체역학, 음향학, 광학, 열역학, 기체 분자 운동론, 수리물리, 그리고 과학철학에 이르기까지 모든 과목을 낡은 물리학과 건물에서 들었다. 놀랍게도 이 과목들은 모두 한 사람이 가르치는 것이었는데, 그가 바로 빈 대학 물리학과를 국제적으로 유명하게 만든 사람, 통계역학과 엔트로피entrophy로 세계적인 명성을 얻고 있던 이론물리학자 루트비히 볼츠만이었다.

볼츠만은 물리학의 여러 주제들을 매혹적으로 보이도록 만드는 재주가 있었다. 그의 수업은 상당히 짜임새 있고 질서가 잡혀 있었으며 언제나 활기가 넘쳤다. 1902년 그는 역학 강의를 다음 과 같은 말로 시작했다.

나는 내 수업에서 내가 아는 모든 것을 여러분에게 드리겠습 니다. 내가 생각하는 방식과 내가 느끼는 것까지도. 대신 나는 여러분에게 수업에 완전히 집중하고 엄격하게 자신을 단련하 며 지치지 않는 강한 정신을 가질 것을 요구합니다. 하지만 이 보다, 나 자신이 무척 중요하게 여기는 것을 여러분에게 요구 하는 것에 대해 양해를 구하고 싶군요. 그것은 바로 여러분의 신뢰와 호의, 애정입니다. 한마디로, 여러분이 가진 최대한의 능력을 발휘해주기 바랍니다.

볼츠만의 강의는 너무나 열정적이어서 그의 수업을 들은 학생 들은 마치 멋진 신세계가 열린 것 같은 감동을 받으며 돌아가곤 했다. 마이트너는 그의 수업을 '지금까지 들었던 수업 중에서 가 장 아름답고 지적인 자극을 주는' 수업으로 기억했다. 볼츠만의 수업은 마이트너에게 물리학이란 궁극적인 진리를 찾아나가는 투쟁과 같다는 인상을 심어주었고, 이는 그녀의 평생을 지배한 생각이 되었다. 한마디로 볼츠만은 마이트너의 물리학 연구의 정신적인 스승이자 물리학자란 어떤 모습인가에 대한 역할 모델 을 제공했던 것이다.

볼츠만이 마이트너에게 미친 또 하나의 영향은 원자에 대한 관심이다. 볼츠만은 19세기 기체 분자 운동론을 통계역학으로

마이트너에게 물리학에 대한 열정을
키워준 루트비히 볼츠만

발전시키는 데 지대한 공헌을 했다. 기체 분자 운동론이란 기체가 눈에 보이지 않는 수많은 작은 입자들로 구성되어 있다고 가정하고 그 입자들 간의 충돌 운동을 역학 법칙을 적용하여 예측하고 그로부터 기체의 여러 가지 물리적 특성들, 예를 들면 기체의 압력, 부피, 온도, 점성, 열전도 등을 설명해내는 이론이다. 실제로 기체 분자 운동론의 문제들을 풀 때 기체를 구성하는 수많은 입자 하나하나의 운동을 계산해내는 것은 불가능했기 때문에 기체 분자 운동론에서는 통계적인 방법과 확률적인 방법을 도입했다. 예를 들어 영국의 물리학자 제임스 맥스웰James Clerk Maxwell, 1831~1879은 특정 범위 내의 기체 분자의 속도와 그 범위 내에 있을 기체 분자의 수를 나타내는 속도분포 함수라는 것을 도입하여 기체 분자 개개를 다루는 대신 특정 속도 영역 내에 포함되는 입자 전체의 운동이 나타내는 효과를 계산해냈다. 한편 독일의 클라우지우스Rudolf Clausius, 1822~1888는 기체의 여러 현상들이 기체 분자의 충돌에 의한 효과라는 것에 착안하여 하나의 기체 분자가 다른 기체 분자와 충돌할 확률을 계산하는 방식으로 기체 분자 운동론을 발전시켰는데, 그도 역시 각각의 기체 분자를 다루는 것은 불가능했으므로 맥스웰이 한 것과 비슷하게 통계적인 방법을 사용했다.

볼츠만은 맥스웰이 사용한 속도분포 함수의 방법을 발전시켜 기체가 열평형 상태에 도달하는 과정, 예를 들면 방 한구석에 몰려 있던 뜨거운 공기가 방 전체로 확산되어 열평형에 이르는 과정을 물리적으로 설명하는 연구를 수행했다. 이 연구 과정에서 볼츠만을 강하게 사로잡았던 아이디어는 '원자'였다. 기체 분자 운동론을 발전시키면서 볼츠만은 원자가 사고의 편의를 위해 도입한 가상의 존재가 아니라 자연에 실재하는 존재라고 강하게 확신하게 되었다. 그러나 당시 에른스트 마흐^{Ernst Mach, 1838~1916} 등 실증주의자들은 관찰할 수도, 검증할 수도 없는 원자의 존재에 대해 회의적이었다. 따라서 원자론을 둘러싸고 볼츠만은 마흐 및 실증주의자들의 공격을 받았다. 흥미로운 사실은 빈 대학에서 과학철학과 물리학을 가르치던 마흐가 대학을 떠난 후 그 빈자리를 볼츠만이 이어받아 같은 과목을 강의했다는 점이다. 볼츠만은 개인적인 경험담까지 끌어들이며 원자의 존재를 둘러싸고 실증주의자들과 벌였던 논쟁을 실감 나게 전달했고, 특유의 열정으로 원자의 존재를 학생들에게 확신시키려고 했다. 마이트너는 이후 자신의 연구를 통해 볼츠만의 깨지지 않는 원자라는 개념을 깨뜨리게 되지만, 원자에 대한 그녀의 관심은 대학 시절 볼츠만의 수업을 들으면서 형성된 것이라고 할 수 있다.

마이트너가 볼츠만의 모든 강의를 열심히 듣고 꽤 상세하게 정리했다는 소문이 퍼지자 볼츠만 밑에서 박사학위를 받은 파울 에렌페스트^{Paul Ehrenfest, 1880~1933}가 마이트너에게 볼츠만의 이론을 함께 공부하자고 제안했다. 이런 식으로 마이트너는 성실함과 진지함, 물리학 실력으로 빈 대학 안에서 인정받기 시작했다. 마이트너가 논문을 준비할 무렵, 볼츠만은 미국을 방문하고 있던 터라 더 이상 볼츠만 밑에서 학업을 계속할 수 없었다. 대신 프란츠 엑스너Franz Exner, 1849~1926 밑에서 맥스웰 전기전도를 열전도에 적용하는 것을 주제로 박사 논문을 작성했다. 드디어 1905년 박사학위 시험을 최우등으로 통과하여 1906년 빈 대학에서 여성으로는 두 번째로 물리학 박사학위를 받았다. 그러나 이것으로 그녀의 모든 시련이 끝난 것은 아니었다. 졸업 후 여성 물리학 박사가 연구를 할 수 있는 길은 거의 없었다.

대학의 여성들

마리 스크워도프스카와 리제 마이트너가 과학자로 훈련받기 위해 걸어 온 과정에서 19세기 후반~20세기 초 여성 과학 교육에서 나타나는 몇 가지 특징을 찾아볼 수 있다.

첫째, 여성에게는 과학자가 되는 데 필요한 대학 교육의 기회가 드물게 주어졌다. 마리 스크워도프스카는 폴란드의 대학 문이 여성에게 닫혀 있었기 때문에 파리 유학을 선택해야 했고, 마이트너는 중등 교육기관인 김나지움조차 갈 수 없어서 1901년 오스트리아 대학이 여성에게 문을 열 때까지 9년의 공백을 견뎌야 했다. 1861년 여성에게 과학 교육을 시작한 미국의 바사 칼리지Vassar College를 제외한다면, 다른 곳에서도 상황은 그리 다르지 않았다. 19세기 이후 과학의 전문화가 빠르게 이루어진 결과 19세기 후반부터는 고등 교육기관에서 받는 전문적인 훈련이 과학자를 육성하는 데 매우 중요한 역할을 했다는 점을 고려해볼 때, 대학에 접근할 기회를 얻지 못한다는 것은 과학자가 되려는 여성에게 매우 불리한 조건이었다. 따라서 이 시기에 여성 과학자가 된 사람은 불리한 조건을 극복해낸 사람들이었던 것이다.

둘째, 대학에 가기까지 겪었던 제도적 차별에 비해 대학 생활에서는 여성이라는 이유로 불이익을 당하거나 차별받은 것에 대한 회고가 두 사람 모두에게 거의 없었다는 점에 주목할 필요가 있다. 오히려 두 사람은 대학에서 그 실력을 제대로 인정받았다고 보는 것이 타당할 것이다. 좋은 끝을 보지는 못했으나 마이트너는 수학 교수 게겐바우어에게 실력을 인정받았고 에렌페스트로부터는 물리학을 함께 연구하자고 제안받기도 했다. 마리 스크워도프스카는 물리과학, 수학 학사 자격시험에서의 뛰어난 성

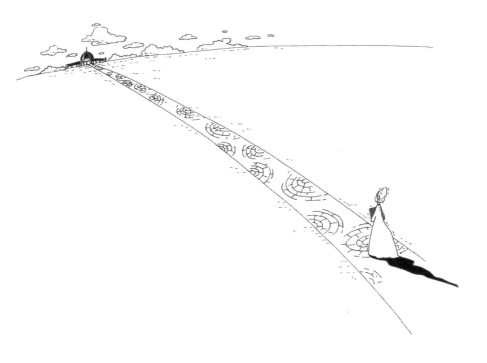

적으로 그녀의 실력을 인정받았다. 이를 과학·수학이라는 학문의 특성에 연결 지어 생각해보면, 이 분야에서의 학생 평가가 비교적 계량화되었다는 점을 지적할 수 있다. 쉽게 말하면, 학생에 대한 평가는 주어진 문제를 올바르게 풀었는가, 즉 올바른 과정을 거쳐 옳은 답을 구해냈는가를 통해 이루어지므로 평가자의 선입견이 개입될 여지가 적었다. 한마디로 비교적 '객관적인' 평가가 이루어지기 쉬웠다는 것이다. 이런 이유로 두 사람이 여성이라는 점이 대학에서는 크게 불리하게 작용하지 않을 수 있었다. 그러나 대학 밖으로 나서면 어땠을까? 전문 과학자가 되었을 때 여성이라는 조건은 어떤 식으로 작용했을까?

그녀 곁의 남자들

1986년 6월 미국의 시사 주간지 《뉴스위크Newsweek》의 커버스토리는 '왕자를 매혹시키기엔 너무 늦었어'였다. 예일 대학과 하버드 대학 연구진의 분석 결과를 토대로 한 이 기사에 따르면, 대학 졸업 이상의 학력을 지닌 30대 백인 여성이 결혼할 수 있는 확률은 20퍼센트에 불과하고 40대가 되면 그 확률은 불과 2.6퍼센트밖에 되지 않는다. 기사는 '남편을 찾는 것보다 테러리스트의 손에 죽을 가능성이 더 높다'며 공부를 많이 한 여자는 결혼하기 힘들다는 사회 통념을 확인·강화시켰다.

20년이 지난 2006년, 《월 스트리트 저널Wall Street Journal》아시아판은 남편 찾기가 테러리스트한테 죽는 것보다 더 힘들었을 그 여성들이 현재 어떻게 살고 있는가를 추적했다. 그 결과 그 당시 《뉴스위크》 기사에 등장했던 10명의 여성 중 8명이 결혼해서 잘 살고 있고 나머지 2명은 독신주의를 고수하는 사람들이었다고 한다. 즉, 두 명도 결혼을 못 한 게 아니라 안 했다는 것이다. 워싱턴 대학 경제학과 엘레이나 로즈Elaina Rose 교수의 조사에서도 결과는 비슷했다. 40~44세의 석사나 박사학위를 지닌 여성과, 같은 나이 또래의 고졸 학력 여성의 결혼 비율을 조사해 봤더니 1980년에는 전문 학위를 가진 여성의 결혼 비율이 25퍼센트 낮았던 것에 비해 2000년에는 오히려 약간 높게 나왔다는 것이다.

20년 사이에 고학력 여성의 결혼률이 높아지게 된 이유 중 하나는 남녀 관계, 부부 관계에 대한 인식의 변화에서 찾을 수 있다. 남편이란 모름지기 학벌, 재력이 부인보다 더 우월해야 한다는 사회적 통념의 변화, 가사·육아를 부부 공동 책임으로 생각하는 인식의 변화가 고학력 전문직과 결혼의 양립 가능성을 점점 더 높여주고 있다.

그러나 여성이 있어야 할 가장 자연스러운 자리가 가정이라는 통념은 오늘날까지도 여성의 사회 진출에 가장 큰 걸림돌이 되고 있다. 예전에 비해 남편의 가사 분담 비율이 높아졌지만 남성들은 여전히 부인의 일을 '도와주고 있다'고 생색을 내고, 아이라도 아플라치면 '엄마가 아이에게 소홀했다'며 여자의 책임을 먼저 묻곤 한다. 이런 어려움 속에서 사회에 진출한 여성들은 다시 가정으로 돌아갈 것을 가족으로부터, 사회로부터 은근히 권유받기도 한다. 21세기의 현실이 이럴진대 20세기 초의 상황은 어떠했겠는가? 그 속에서 마리 퀴리와 리제 마이트너가 전문 연구자로 확실하게 자리매김할 수 있었던 데는 여성이라는 것을 한계로 생각하지 않고 도움을 아끼지 않았던 사람들의 힘이 컸다. 여기서는 그중에서도 동료로, 과학자로 이들을 인정해준 남성들의 역할을 보도록 하자.

마리 퀴리와 역삼종지도 (逆三從之道)

조선시대 여성이 따라야 할 도리였던 삼종지도三從之道는 여성이 평생을 살면서 세 명의 남자를 따라야 함을 의미한다. 어려서는 아버지, 커서는 남편, 나이 들어서는 아들의 뜻에 따라 살아야 한다는 것이다. 삼종지도는 가부장적인 가치관이 강하게 드러나는 것으로, 여성 본인의 삶에서조차 여성의 의지는 중요하지 않음을 천명한다. 많은 경우 이것은 남성을 위해 여성의 희생을 강요하는 논리로 사용되기도 했다.

하지만 마리 퀴리에게는 가히 역삼종지도逆三從之道라고 해도 좋을 만큼 그녀를 적극적으로 도와주고 지지해준 남자들이 있었다. 마리의 시아버지 외젠 퀴리Eugène Curie, 1827~1910, 남편 피에르 퀴리, 사위 프레데리크 졸리오-퀴리Frédéric Joliot-Curie, 1900~1958가 바로 마리의 곁에서 그녀를 믿어주고 든든한 조력자가 되어준 남자들이다. 우선 그녀의 유명한 남편 피에르 퀴리부터 만나보자.

1894년, 35세의 피에르 퀴리가 마리 스크워도프스카를 만났을 때 그는 이미 학계에서 인정받는 물리학자였다. 자유롭고 진보적인 집안에서 태어난 피에르는 대학에 가기 전까지 정규 교육을 받은 적이 없었다. 아버지와 어머니에게서 기초 교육을 받고 어려운 과목들은 개인 교사를 통해 익혀서, 16세에 소르본에 들어가 18세에 학사학위를 받았다. 21세 때 형 자크Jacques와 함께 압전 현상*을 발견하면서 물리학자로서 이름을 날리기 시작했다. 1883년부터는 물리학 및 공업화학 시립대학École municipale de Physique et de Chimie Industrielle, EPCI에 자리를 잡아 학생들을 가르치며 연구를 하고 있었다.

젊은 날의 피에르는 감수성이 풍부한 이상주의자였다. 이런 성품 때문인지 돈이나 명예와 같은 세속적인 성공에 큰 의미를 부여하지 않았고 이를 얻기 위한 경쟁도 싫어했다. 섬세하고 예민한 성격으로 방해받는 것을 싫어해 혼자 있는 것을 즐기기도 했다. 게다가 21세 때 여자 친구를 잃고 난 후에는 연애나 결혼처럼 여성과 함께하는 삶을 꿈꾸지 않았고, 평생 독신으로 연구에 몰두하고 살아가기를 희망했다. 10년 넘게 지켜오던 그의 마음을 변화시킨 사람이 마리 스크워도프스카였다.

1894년 마리는 강철의 자성에 대한 연구를 하고 있었다. 이 사실을 안 그녀의 동료는 비슷한 주제를 연구하던 피에르 퀴리를 소개해주었다. 마리는 피에르에게 좋은 인상을 받았고 함께 연구하는 동료로서, 말이 잘 통하는 친구로서 우정을 나누었다. 두 사람은 물리학에 대한 열정뿐 아니라 진보적, 이상주의적 성향에서도 공통점이 많았다. 사회 개혁이나 진보에 대한 관심을 공유했고 과학 연구를 통해 그에 공헌할 수 있다는 믿음도 같이했다. 이런 공통점이 두 사람의 감정을 우정에서 사랑으로 변모시

▲ 마리 퀴리와 피에르 퀴리의 결혼식 사진   ▲ 결혼 직후 자전거를 타는 퀴리 부부

켰다.

　1895년 마리가 잠깐 폴란드로 돌아갔을 때 피에르는 애가 탔다. 그녀가 얼마나 폴란드를 사랑하는지 익히 알던 터라 폴란드에서 돌아오지 않을까 걱정이 되었던 것이다. 그의 걱정이 기우만은 아니었다. 마리도 피에르를 좋아하기는 했지만 폴란드가 아닌 프랑스에서 살아야 한다는 것 때문에 선뜻 결혼을 결정하지 못하고 있었다. 동생의 고민을 옆에서 본 오빠 요제프^{Józef}는 파리로 돌아온 마리에게 편지를 보내 프랑스인과 결혼한다고 해도 마리가 폴란드인이라는 사실은 변하지 않을 것이라며 그녀의 결정을 도왔다.

　1895년 7월 25일, 두 사람은 마침내 결혼식을 올렸다. 두 사람은 마리가 혼수로 장만한 자전거를 타고 시골을 여행하며 신혼여행을 즐겼다. 신혼여행에서 돌아온 후, 두 사람의 연구는 계속

되었다. 1896년에 마리는 고급교사 자격증 시험에 1등으로 합격했고, 1898년에는 강철의 자성과 방사능 연구로 프랑스 과학아카데미에서 주는 상과 상금을 받기도 했다.

1897년 첫 아이를 낳은 직후, 마리 퀴리는 박사 논문 주제 때문에 고민하고 있었다. 이때 마리에게 방사선(당시에는 발견자의 이름을 따서 베크렐선이라고 불렀다) 연구를 제안한 사람이 바로 남편 피에르였다. 처음에는 마리 퀴리 혼자서 방사선 연구를 시작했으나, 1898년 중엽부터 연구의 잠재적인 가치가 어마어마하다는 점이 분명해지면서 피에르도 그의 주력 분야였던 자성 연구를 정리하고 마리와 함께 방사선 연구에 뛰어들었다. 본격적인 공동 연구가 시작된 것이다. 두 사람의 공동 연구를 지켜본 사람들에 따르면, 마리와 피에르는 서로 의견이 다른 점에 대해서는 치열한 토론도 피하지 않았고, 그것이 공동 연구를 더욱 가

실험실에 함께 있는 퀴리 부부 두 사람은 함께 방사선 연구를 하면서 서로 의견이 다른 점에 대해서는 치열한 토론도 피하지 않았고 그 결과 폴로늄과 라듐이라는 새로운 원소를 발견할 수 있었다.

퀴리 부부가 받은
노벨상 퀴리 부부는
방사능 연구에 대한
공로로 1903년 노벨
물리학상을 수상했다.

속화하는 결과를 내 1898년 폴로늄과 라듐, 두 개의 새로운 원소 발견으로 이어졌다.

부부의 공동 연구가 좋은 성과를 내면서, 피에르도 마리도 점차 안정된 직장을 잡아갔다. 1900년 마리는 세브르^{Sèvres}에 있는 여자 고등사범학교에서 물리학과 화학을 가르치게 되었다. 그 학교에 임용된 최초의 여교사였다. 마리는 또한 그 학교에 처음으로 실험 실습을 도입하여, 강사가 앞에서 실험을 하면 학생들은 지켜보기만 하던 시범 실험 수업을 실습으로 바꾸었다. 같은 해 피에르도 모교인 소르본 대학으로 자리를 옮겼고, 1904년에는 정교수가 되었다.

1903년 퀴리 부부는 방사능 연구에 대한 공로로 앙리 베크렐 Henri Becquerel, 1852~1908과 함께 노벨 물리학상을 공동 수상했다. 그런데 처음에 스웨덴 과학아카데미는 마리 퀴리를 후보로 생각하지 않고 있었다고 한다. 노벨 물리학상 후보로는 베크렐과 피에르 퀴리의 이름만이 올라가 있었던 것이다. 이 소식을 전해들은 피에르는 마리 퀴리의 열렬한 지지자이자 스웨덴 과학아카데미의 회원이었던 괴스타 미탁레플레르Gösta Mittag-Leffler, 1846~1927에게 편지를 보내, 그동안 연구 과정을 본다면 마리 퀴리도 마땅히 후보에 올라가야 하므로 후보로 추천해달라고 부탁했다. 이 편지가 효과가 있었는지 그해 노벨 물리학상은 베크렐과 마리 퀴리, 피에르 퀴리 세 사람의 공동 수상으로 결정되었다. 피에르의 편지가 없었다면, 마리는 과학사에 자주 등장하는 남편을 도운 조력자 정도로 기억되었을지도 모를 일이다.

1906년 4월 19일, 두 사람에게 비극적인 일이 발생했다. 폭우가 쏟아지던 날이었다. 쏟아지는 빗줄기와 우산 때문에 앞을 제대로 보지 못한 채, 실험실 근처의 거리를 건너고 있던 피에르에게 미처 속도를 줄이지 못한 마차 한 대가 달려왔다. 마차를 끌던 말은 피에르를 피하려다가 도리어 피에르를 덮쳐버리고 말았다. 넘어진 피에르의 머리 위로 짐을 가득 실어 무거울 대로 무거워진 마차 바퀴가 지나갔다. 모든 것이 순식간에 벌어진 일이었다.

피에르의 친구들이 비보를 전하러 집에 들렀을 때 아버지 외젠 퀴리만이 집을 지키고 있었다. 들어오지도 못한 채 문가에 서 있는 아들 친구들의 비통한 표정이 모든 것을 말해주고 있었다. 뒤늦게 집에 도착한 마리 퀴리 역시 무거운 집안 분위기에 나쁜 일이 생겼다는 것을 느낄 수 있었다. 저녁 때 피에르의 시신을 확인한 마리는 머리가 깨진 피에르의 시신을 품에 안았지만 여전히 남편의 죽음을 받아들이기 힘들었다.

마리에게 피에르는 따뜻한 남편이자, 훌륭한 동료였으며, 자상한 친구였다. 그런 피에르가 없다는 사실에 마리는 극심한 슬

품에 빠졌다. 자신의 세상 한편이 완전히 무너진 느낌이었다. 그녀는 심한 우울증에 빠지기까지 했다. 당시 그녀가 남긴 일기에는 깊은 슬픔이 배어 있다.

1906년 5월 7일
피에르,
당신 없는 삶은 잔인합니다. 그것은 이름 없는 괴로움이며 끝도 없이 황폐합니다. 당신이 떠나고 18일이 지났지만, 잠들었을 때를 제외하면, 단 한순간도 당신 생각을 하지 않은 적이 없습니다. …… 난 다른 일을 생각하는 게 점점 더 힘들어져서 일하기도 힘들어졌어요.

슬픔 속에서도 삶은 계속되었다. 마리에게 피에르 퀴리의 죽음으로 공석이 된 소르본 대학의 자리를 맡아달라는 제의가 들어왔다. 피에르가 하던 연구와 강의를 이어가는 데 마리만 한 적격자는 없다고 판단했기 때문이다. 이는 소르본 최초로 여성이 교수가 된다는 것을 의미하기도 했다. 마리가 처음으로 강의를 하던 날 강의실은 소르본 대학의 첫 여성 교수이자 남편의 자리를 이은 여성 과학자를 구경하려는 사람들로 붐볐다. 마리는 별다른 말 없이 남편이 강의를 마친 다음 부분부터 강의를 시작했다.

하나의 죽음은 부부를 갈라놓았지만 또 다른 죽음은 두 사람을 다시 연결시켜주었다. 1934년 7월 4일, 마리 퀴리는 그토록 그리워했던 남편 곁에 묻히게 되었다. 1995년 4월 20일, 마리와 피에르 퀴리는 루소^{Jean-Jacques Rousseau, 1712~1778}, 볼테르 같은 프랑스

▲ 팡테옹의 한 방에 함께 있는 마리 퀴리(위)와 피에르 퀴리(아래)의 관

◀ 프랑스의 국가적 영웅들의 유해가 모여 있는 팡테옹. 1995년 퀴리 부부의 유해가 이곳으로 이장되었다. 마리 퀴리는 이곳에 안치된 최초의 여성이다.

위인들의 유해를 안치해놓은 팡테옹^{Panthéon}으로 이장되었다. 마리는 팡테옹에 옮겨진 최초의 여성이 되었다. 부부는 지금도 팡테옹의 한 방에서 위아래를 차지한 채 함께하고 있다.

한 미국 물리학자는 "내게도 피에르 퀴리 같은 아내가 있었다면, 나도 마담 퀴리 같은 사람이 되었을 것"이라고 말한 적이 있다. 물론 마리 퀴리의 성과를 제대로 평가하지 못하는 것을 볼 때, 그 물리학자는 피에르 퀴리 같은 아내가 있었다고 해도 마리 퀴리 같은 성과를 내지는 못했을 것이다. 그러나 여성 물리학자의 업적을 저평가하려는 그 옹졸한 의도를 빼고 본다면, 피에르가 있었기에 마리 퀴리가 있었다는 그의 해석은 상당 부분 맞는 말이다. 연구 동료로서는 말할 것도 없거니와 삶의 동반자로서 피에르는 마리가 당시 사회적 통념에 얽매여 자신의 재능을 제대로 발휘하지 못하는 일이 없도록 마리를 자신과 대등한 연구 동료로 대우했기 때문이다.

마리가 짊어져야 했던 '여성의 역할'을 피에르와 함께 짊어져서 그녀를 자유롭게 해주었던 또 한 명의 남자는 시아버지 외젠 퀴리였다. 피에르의 자유롭고 진보적인 정신도 그의 아버지에게서 물려받은 것이었다. 의사였던 외젠은 정치적으로 진보적인 입장을 취했다. 1848년 2월혁명에 참여해 부상을 입기도 했고, 1871년 파리 코뮌Commune de Paris* 당시에는 정부군의 공격으로 부상을 입은 사람들을 자신의 아파트에서 치료하기도 했다. 그는 부인 소피클레르 데푸이Sophie-Claire Depouilly, 1832~1897와 함께 두 아들 자크와 피에르를 자유롭게 키웠다.

외젠 퀴리는 마리와 피에르에게서 육아의 부담을 덜어주었다. 마리와 피에르는 1897년 첫딸 이렌을, 1904년에는 둘째 딸 에브를 낳았다. 부모가 방사능 원소 연구로 바빠 두 딸에게 충분히 신경을 써주지 못할 때 그 자리를 채워준 사람이 바로 할아버지 외젠이었다. 그는 두 손녀를 돌보고 공부를 가르치는 등 아들과 며느리가 연구에 전념할 수 있도록 도와주었다. 1906년 아들 피에르가 갑작스레 세상을 떠나고 며느리 마리가 슬픔에서 헤어나지 못하고 있을 때 손녀들을 챙긴 것도 그였다. 아버지의 부재와

🏛 파리 코뮌

1871년 프로이센·프랑스 전쟁에서 프랑스가 패배하면서 프로이센과의 강화조약을 준비하는 임시정부가 꾸려지자 프랑스 민중이 봉기해 수립한 혁명적 자치정부를 말한다. 3월 28일~5월 28일의 짧은 기간 동안 민주적이고 친노동자적인 개혁을 시도했으나, 5월 21일 프로이센군과 결탁해 파리로 진격한 정부군에 의해 이른바 '피의 일주일' 동안 2~3만 명의 파리 시민이 죽임을 당하면서 코뮌정부는 붕괴되었다.

퀴리 부부의 가족사진
부부가 노벨상을 받을 무렵
첫딸 이렌, 시아버지 외젠과
함께 찍은 사진

어머니의 슬픔으로 힘들어하던 손녀들에게, 특히 감수성 예민했던 첫째 이렌에게 할아버지는 든든한 버팀목이었다. 만약 그가 없었더라면, 우리는 아마도 피에르 퀴리나 마리 퀴리의 발견들을 좀 더 늦게 만나게 되었을지도 모른다.

마리 퀴리를 도왔던 남성 중 마지막으로 사위 프레데리크 졸리오-퀴리가 있다. 마리의 맏딸 이렌은 아버지 피에르와 유사한 점이 많았다. 아버지처럼 정규 교육 대신 부모 친구들의 아이들과 함께 공부를 했고 대학도 아버지가 다닌 학교를 다녔다. 부모의 영향 때문이었는지 아주 어릴 적부터 그녀는 과학자의 길을 걷기로 결심했다. 이미 10대 때부터 어머니의 연구를 도왔던 것은 물론, 1차 세계대전 중에는 어머니를 도와 방사선을 이용해서 부상당한 군인들을 치료하는 일에 나서기도 했다. 전쟁이 끝나고 1918년부터 이렌은 소르본 대학에 있는 어머니의 연구소에서 조교로 연구에 참여했다. 1925년 박사를 받은 그해에 그녀는 프레데리크 졸리오를 만났다.

프레데리크는 피에르의 제자이자 퀴리 부부의 절친한 친구였던 폴 랑주뱅Paul Langevin, 1872~1946의 제자로, 피에르가 몸담은 적이 있는 물리학 및 공업화학 시립대학을 수석으로 졸업한 뛰어난 연구자였다. 1925년 그는 랑주뱅의 추천을 받아 마리 퀴리의 연구소에서 일하게 되었는데 그곳에서 이렌을 만났다. 선배인 이렌의 첫인상은 차갑고 무뚝뚝해서 쉽게 친해질 것 같지 않았지만, 함께 실험을 하면서 두 사람은 과학, 스포츠, 인문학, 예술에서 이야기가 잘 통하는 것을 알게 되었다. 게다가 프레데리크는 피에르 퀴리를 매우 존경했는데, 이렌에게서 종종 그가 만나보지 못했던 피에르의 모습을 발견할 수 있었다. 두 사람은 그다음 해인 1926년 결혼하여 유명한 퀴리가의 성을 이어받아 '졸리오-퀴리' 부부가 되었다.

마리 퀴리에게 프레데리크 졸리오-퀴리는 든든한 연구 조력자였다. 특히 마리가 연구소의 책임자로, 그리고 프랑스 과학계의 대표자로 바쁜 사이 프레데리크와 이렌이 연구소를 실질적으로 이끌었다. 뛰어났던 부모와 마찬가지로, 이렌과 프레데리크는 공동으로 방사선 연구를 했다. 젊은 부부는 부모들에 비해 실험 결과를 해석하는 데 조심스러운 편이었고, 이 때문에 실험 데이터에서 중성자와 양전자〔전자와 물리적 상태가 동일하지만 전하가 (+)인 입자〕를 발견했지만 실험의 오류로 해석하거나 잘못 해

프레데리크 졸리오-퀴리
파블로 피카소Pablo Picasso, 1881~1973가 그린 프레
데리크 졸리오-퀴리

석하여 안타깝게 발견의 영예를 다른 사람들에게 넘겨야 했다. 이를 두고 "퀴리가엔 더 이상 노벨상이 필요 없나 보지", "바보 들 같으니라고! 새로운 입자를 발견하고도 그걸 못 알아보다니" 라고 조롱하는 사람들도 있었지만, 영국 물리학자 어니스트 러 더퍼드Ernest Rutherford, 1871~1937처럼 "괜찮아. 그 부부는 언젠가 큰일 을 낼 테니까"라고 말하는 사람도 있었다.

1934년, 졸리오-퀴리 부부에게 기회가 다시 찾아왔다. 방사능 을 띠지 않는 붕소에 α입자를 충돌시켰더니 방사능을 띤 질소의 동위원소가 나온 것이다. 단순하게 말하자면 붕소에 α입자를 쏘 아 넣었더니 붕소가 질소로 바뀌었다는 것이다. α입자를 충돌시 키면 알루미늄은 인으로, 마그네슘은 알루미늄으로 바뀌는 것이 확인되었다. 사람의 손으로 자연계에 존재하는 원소를 다른 원 소로 바꾸는 일에 성공한 것이다. 오래전 연금술사들이 꿈꾸었

졸리오-퀴리 부부의 모습
이렌과 프레데리크 졸리오-퀴리 부부는
인공 방사능 원소 연구로 퀴리 가문에
세 번째 노벨상을 가져왔다.

던 일, 즉 물질의 변환을 인공적으로 이뤄냈다. 현대판 연금술의 탄생이었다. 이 소식에 노년의 마리 퀴리는 기쁨을 감추지 못했다. "우리 연구소가 예전의 영광스러운 시절로 돌아가는구나." 그해 눈을 감은 마리 퀴리는 딸과 사위가 노벨상을 타는 것을 보지 못했지만, 그들이 이뤄낸 발견만으로도 충분히 기뻤다.

프레데리크 졸리오-퀴리는 마리 퀴리의 노년에 든든한 연구 조력자였다. 남편인 피에르나, 시아버지 외젠만큼 도움을 준 것은 아니었지만, 사위 프레데리크의 존재는 퀴리 연구소의 명성을 유지하는 데 중요했다. 이런 점에서 프레데리크는 마리 퀴리의 역삼종지도의 마지막을 장식한 인물이라고 할 수 있다. 덧붙이자면, 2차 세계대전 중 프레데리크 졸리오-퀴리는 프랑스 레지스탕스 운동에 가담하여 총사령관까지 맡기도 했다.

마리 퀴리의 헌신적인 남자들에 비해 리제 마이트너 주변의 남자들은 현실에서 쉽게 찾아볼 수 있을 사람들이다. 그들은 뛰어난 연구자이자 동료로서 리제 마이트너를 결국에는 인정하고 지원해줬지만 그렇게 되기까지 여성에 대한 편견을 가끔 드러내 보이곤 했다. 이런 면에서 마이트너 주변의 남성 연구자들은 한편으로는 보수적이면서 또 한편으로는 진보적인 사람들이었다.

1906년 힘들게 박사학위를 땄지만 마이트너가 선택할 수 있는 미래는 거의 없었다. 여자 조교는 뽑지 않아 실험실에 들어갈 수도 없었는데, 이는 교수에까지 이르는 학계의 사다리 오르기가 원천적으로 불가능함을 의미했다. 마이트너는 아버지의 권유에 따라 여학교에서 학생들을 가르치는 일을 했지만 만족하지 못했고 연구를 하고 싶었다. 마리 퀴리와 함께 연구하고 싶어 편지를 보냈지만, 퀴리 연구소에는 마땅한 자리가 없다는 답장만이 돌아왔다.

1906년 가을, 마이트너는 '주경야독'의 생활을 했다. 낮에는 학교에 나가서 학생들을 가르치고, 밤에는 빈 대학의 낡아 빠진 물리학 실험실로 돌아와 그해 여름 자살한 볼츠만을 이어 실험실을 담당하게 된 슈테판 마이어^{Stefan Meyer, 1872~1949}와 함께 방사능을 연구했다. 1906년이 저물 무렵 마이트너는 조용한 성격의 그답지 않게 중대한 결정을 내렸다. 독일 베를린에서 공부를 계속하기로 한 것이다. 그러나 경제적인 문제가 앞을 가로막았다. 마땅한 일자리도 없이 가는 것이기에 생활비를 댈 길이 막막했다. 이제 곧 스물아홉 살이 될 마이트너는 염치없지만 부모님께 기대는 길밖에 없었다. 다행히 부모님은 그녀의 선택을 존중해주고 베를린 생활을 지원해주기로 했다. 마이트너 앞에 새로운, 그러나 두려운 세계가 열렸다.

1907년 마이트너는 베를린 대학에 도착했다. 아직 여학생의 입학을 허가하지 않아 여학생이라곤 마이트너처럼 청강을 하러 오는 극소수밖에 없던 베를린 대학 교정을 지나며 이 부끄럼 많이 타는 내성적인 사람이 느꼈을 이질감을 상상해보라. 교정을 오가는 남학생들에게도 그녀는 이방인 정도가 아니라, 기이함 그 자체였다.

베를린에서는 예전처럼 조용히, 수줍어하며 지낼 수만은 없었다. 원하는 것을 찾고 그것을 이루기 위해 적극적으로 행동하지 않으면 이 낯선 곳에서 아무것도 이룰 수가 없을 터였다. 마이트너는 용기를 내어 막스 플랑크에게 수업 청강을 허락받으러 갔다. 당시의 일을 마이트너는 다음과 같이 기록했다.

플랑크의 강의를 들으려고 베를린 대학에 가서 신청했더니 플랑크는 나를 매우 친절하게 맞아주었고 얼마 후에는 집으로 초대해주기까지 했다. 맨 처음 그의 집에 갔을 때 그가 내게 물었다. "리제, 당신은 벌써 박사잖아요! 그 이상 무얼 더 원합니까?" 내가 물리학을 진정으로 이해해보고 싶다고 했더니 그는 몇 마디 우호적인 말을 해주고 그 문제에 대해서는 더 이상 말하지 않았다. 당연히 나는 그가 여학생에 대해서는 그리 높게 평가하지 않는다는 결론에 도달했는데, 당시에는 충분히 그렇게들 생각하고도 남았다.

1897년 『대학의 여성』에서 재능 있는 여성에 대해 예외를 인정하면서도 대학 교육이 여성의 본성에 맞지 않는다고 주장했던 사람답게 플랑크는 첫 만남에서 마이트너의 연구에 대한 열정을 이해하지 못했다.

열정적인 볼츠만의 수업에 익숙해 있던 마이트너는 플랑크의 첫 수업을 듣고 약간 실망했다. 플랑크는 감정 표현이 강하지 않은, 매우 차분하고 조용한 전형적인 학자 타입의 인물로, 수업에서도 그의 이런 성격이 그대로 드러났다. 그러나 마이트너는 곧 플랑크의 수업에서 볼츠만의 수업과는 다른 장점을 발견할 수 있었다. 플랑크는 어렵고 복잡한 물리학의 내용들을 간결하고 깔끔하게 전달해주는 재주가 있었다.

플랑크는 재능 있는 물리학자들을 알아보는 눈이 뛰어났다. 무명의 알베르트 아인슈타인Albert Einstein, 1879~1955을 베를린으로 불러들인 것도 플랑크였다. 플랑크의 집에서는 일주일에 한 번씩 이런 젊고 유능한 물리학자들의 모임이 열리곤 했는데, 가벼운 농담과 함께 물리학의 최신 성과에 대한 논의가 이어졌고 참신한 아이디어들이 나오기도 했다. 마이트너도 이 모임에 자주 참석해서 아인슈타인이나 제임스 프랑크James Franck, 1882~1964 같은 물리학자들과 열띤 토론을 벌였다. 마이트너와 비슷한 또래였던 젊은 남성 물리학자들은 그녀가 여성이라는 점을 불편해하지 않고 물리학자로서 그녀를 자연스럽게 받아들였고 동료로 인정했다. 일례로 아인슈타인은 그녀를 "우리들의 마담 퀴리"라고 자랑스레 부르곤 했다. 이들 베를린 대학의 젊은 물리학자들과 마이트너는 동료 이상의 돈독한 우정을 나누었다.

플랑크와의 첫 만남이 약간 껄끄럽긴 했지만, 시간이 지날수록 마이트너는 플랑크를 좋아하게 되었다. 플랑크도 제자이자 쌍둥이 딸의 동갑내기 친구가 된 마이트너를 아꼈다. 처음 만난 자리에선 박사학위까지 있는 여성이 무엇을 더 하겠다고 베를린에 온 것인지 의아해했던 그였지만, 곧 같은 물리학자로서 물리학에 대한 그녀의 애정을 이해해주었다. 여성 전체에게 과학 교육을 시키는 것은 내키지 않아 했지만 특별한 재능을 지닌 여성에 한해서는 예외를 인정했던 플랑크에게 그녀는 그 예외에 속하는 여성이 된 것이다.

청강과 함께 마이트너는 실험물리학연구소의 하인리히 루벤스 Heinrich Rubens, 1865~1922 교수로부터 연구소 사용을 허락받았다. 이에 더해 루벤스 교수는 마이트너에게 매우 반가운 소식을 알려주었다. 화학과의 오토 한 Otto Hahn, 1879~1968 이 마이트너와의 공동 연구에 관심을 갖고 있다는 것이었다.

당시 새로이 떠오르고 있던 방사능 원소 연구는 물리학자와 화학자의 관심이 중첩되는 분야였다. 순수한 원소를 찾아낸다는 점에서 화학자들의 전통적인 관심사에 속했지만 방사능이라는 물리적 성질을 이용한다는 점에서 물리학자들이 필요한 문제이기도 했다. 즉, 화학과 물리학의 지식이 모두 요구되는 분야였다. 오토 한은 베를린에 오기 전, 캐나다 맥길 대학에서 박사후 연구원으로 지내면서 물리학자 러더퍼드 아래서 방사능 원소를 연구했다. 러더퍼드는 화학자 프레더릭 소디 Frederick Soddy, 1877~1956 와 공동 연구를 통해 방사성 원소의 문제를 풀어나가고 있었는데, 한은 두 사람의 협력을 지켜보며 방사능 분야에서 물리학자

마이트너와 함께 방사능 원소를 연구한 오토 한

와의 공동 연구가 얼마나 중요한가를 몸소 체험한 바 있었다. 마이트너에게 공동 연구를 제안했던 것도 그의 이런 경험에 기인한 것이었다.

베를린 대학에서 완벽한 이방인이었던 마이트너로서는 한의 제안을 거절할 아무런 이유가 없었다. 이로써 마이트너는 한의 실험실이 있는 베를린 대학의 화학과 연구소에서 연구를 시작하게 되었다. 하지만 예상치 못한 몇 가지 제약이 그녀의 앞을 가로막았다. 우선 마이트너는 화학과 연구소 지하에서만 연구해야 했다. 한 러시아 여학생이 '이국적인' 머리를 한 채 실험을 하다 분젠 버너 Bunsen burner (가스를 연소시켜 고온을 얻는 장치)에 머리를 태워먹은 이후로 화학과 연구소의 소장이었던 에밀 피셔 Emil Fischer, 1852~1919 는 여성의 연구소 출입을 허락하지 않았다. 피셔는 마이트너가 한과 함께 연구하는 것을 허락하기는 했지만, 화학과 연구소에 여자가 돌아다니는 것을 보고 싶지 않았다. 정문을 통하지 않고도 드나들 수 있는 지하 실험실에서만 연구를 해야 한다는 조건으로 마이트너의 연구소 출입을 허용했다. 그 공간을 벗어나 1층 강의실에 올라가서도 안 되고, 공동 연구자인 오토 한의 실험실에 올라가는 것도 허용되지 않았다. 마이트너는 공간적으로도 제약을 겪었을 뿐만 아니라 사람들과의 교류에 있어서도 암묵적인 제약으로 고민해야 했다. 여성의 출입이 금지되어 그동안 여성 연구자들과 함께한 경험이 없기 때문인지 화학과의 다른 연구자들도 여성의 존재를 매우 껄끄러워했다. 그들은 마이트너와 한이 함께 지나갈 때면 한에게만 인사를 건넨 채 마치 마이트너는 존재하지도 않는 것처럼 모른 체하고 지나갔다.

그런 점만 제외한다면 화학과 연구소에서의 생활은 즐거웠다. 빈에서 답답하게 진행되던 연구에 비하면 자극도 많았고 오토 한과도 잘 맞았다. 마리 퀴리와 피에르 퀴리가 폴로늄과 라듐, 두 방사성 원소를 발견한 이후 이 분야를 연구하는 학자들 사이에는 자연계에 또 다른 방사성 원소가 존재할 것이라는 생각이 널리 퍼져 있었다. 많은 물리학자와 화학자들이 방사선을 방출하는 물질 조사에 몰두했고 동시에 방사선(α선, β선, γ선)의 정체가 무엇인가를 탐구했다. _{지식플러스 참조} 마이트너와 한도 여기에 동참해 방사선을 방출하는 물질에서 지금까지 알려져 있지 않은 새로운 원소를 찾는 일에 주력했다. 두 사람은 상보적인 성격이 강한, 매우 잘 맞는 파트너였다. 한은 주로 방사성 원소의 화학적 분석 작업을 맡았고, 마이트너는 방사능 세기 측정과 같은 물리적인 작업을 담당했다. 한이 꼼꼼한 성격으로 실험의 매 단계가 빠짐없이, 정확하게 이루어졌다는 것을 확인하면 이렇게 나온 실험 데이터로 마이트너는 대담한 이론들을 세우곤 했다.

한과의 공동 연구가 조금씩 성과를 내기 시작하자 마이트너에 대한 화학자들의 태도도 조금씩 바뀌기 시작했다. 가장 눈에 띄는 변화는 마이트너의 연구소 출입을 제한했던 에밀 피셔에게서 나왔다. 마이트너가 차분하고 조용하게 연구를 해나가는 모습을

지켜본 피셔는 그녀가 정문으로 출입하고 건물 내에서도 자유롭게 다닐 수 있게 해주었다. 1911년, 그동안 생활비를 보내주던 아버지의 죽음으로 마이트너는 아무런 수입도 없는 베를린 생활을 접고 다시 빈으로 돌아가야 할 상황에 처했다. 플랑크로부터 이 소식을 전해 들은 피셔는 그녀를 유급 조교로 임명했다. 물리학자라는 직업으로 처음 돈을 벌게 된 것이다. 이때 그녀의 나이 서른셋으로, 학계의 임용 사다리의 첫 발판을 오른 셈이었다.

일단 마이트너가 학계의 사다리에 오르게 되자 그녀의 지위는 점점 더 높아졌다. 1912년 말, 카이저빌헬름 화학연구소^{Kaiser-Wilhelm-Institut für Chemie}가 만들어지자 그녀의 사정은 더욱 좋아졌다. 1918년에는 카이저빌헬름 연구소의 물리학과 주임이 되었고, 1926년에는 베를린 대학 물리학과의 조교수에 오르게 되었다. 처음 베를린행을 선택했을 때는 상상도 하지 못했던 일들을 이루어냈던 것이다. 한과 함께 했던 연구들이 이 모든 것을 가능하게 해주었다.

 아마도 히틀러[Adolf Hitler, 1889~1945]의 유대인 박해가 없었다면 마이트너는 오토 한과 협동 연구를 지속하며 베를린에서 행복하게 자신의 연구 생활을 마감했을 것이다. 하지만 1938년 오스트리아가 독일에 합병되고 유대인의 신변에 위협이 가해지자 그녀는 스웨덴으로 망명을 결정하게 되었다. 이는 그녀의 인생에서 커다란 전환점이 되었다. 편지를 이용해 오토 한과의 연구를 지속해나갔지만 변화된 환경은 두 사람의 공동 연구에도 균열을 가져왔다. 독일에 남은 오토 한에게 유대인 마이트너와의 공동연구는 위험스러운 일이 되었고, 낯선 스웨덴에서 새롭게 인정받아야 했던 마이트너로서는 가시적인 성과를 내는 일이 시급했다. 1938년 겨울, 스웨덴 망명지에서 초우라늄 원소*에 관한 한의 예상치 못한 실험 결과를 받아 든 마이트너는 그 결과가

🏺 초우라늄 원소

우라늄(원자번호 92)보다 원자번호가 큰 원소를 말한다. 넵투늄과 플루토늄을 제외하고는 지구 상에서 자연적으로 존재하지 않아 인공적인 방법으로 합성하여 만들며, 화학적 성질은 모두 우라늄과 비슷하다. 93번부터 111번까지 넵투늄(Np), 플루토늄(Pu), 아메리슘(Am), 퀴륨(Cm), 버클륨(Bk), 칼리포르늄(Cf), 아인시타이늄(Es), 페르뮴(Fm), 멘델레븀(Md), 노벨륨(No), 로렌슘(Lr), 러더포듐(Rf), 더브늄(Db), 시보귬(Sg), 보륨(Bh), 하슘(Hs), 마이트너륨(Mt), 다름슈타튬(Ds), 뢴트게늄(Rg)이라 한다. 112~116번, 118번 원소는 이름이 정해지지 않았으며, 117번 원소는 아직 발견되지 않았다.

무거워진 불안정한 원자핵이 두 개의 가벼운 원자핵으로 분열한 것을 의미한다는 것을 알아챘다. 그리고 이 사실을 오토 한에게 간략히만 알리고, 동시에 스웨덴에 휴가차 와 있던 물리학자인 조카 오토 프리슈Otto Frisch, 1904~1979와 함께 핵분열 이론을 담은 논문을 서둘러 발표했다. 마이트너의 편지를 받아 든 오토 한도 공동 연구자 프리츠 슈트라스만Fritz Straßmann, 1902~1980과 함께 우라늄 핵분열에 관한 실험을 준비하여 논문을 발표했다. 그러나 나치Nazis의 압력 속에서 마이트너의 이름은 논문에 실릴 수 없었다.

나치의 유태인 박해가 없었다면, 그래서 마이트너가 한, 슈트라스만과 함께 독일에서 연구를 계속할 수 있었다면 아마도 세 사람은 평화롭게 핵분열 발견의 공로를 나누었을 것이다. 하지만 혼란스러운 시대적 상황과 개인적 욕망들이 복잡하게 엮이면서 불행한 일이 벌어졌다.

마이트너와 프리슈가, 그리고 한과 슈트라스만이 각각 핵분열 논문을 내고 난 직후, 핵분열은 과학자들의 이목을 집중시켰다. 특히 한이나 슈트라스만에 가까운 화학자들보다는 마이트너나 프리슈의 말을 이해할 수 있는 물리학자들이 핵분열에 더욱 관심을 보였다. 그들 물리학자들은 핵분열에 대해 논하면서 화학자인 한과 슈트라스만보다는 같은 물리학자인 프리슈의 이름을 더 자주, 더 많이 언급했다. 오토 한이 보기에 핵분열은 '한의 핵분열'이 아니라 '마이트너의 핵분열'로 받아들여지는 것처럼 보였다. 심지어 한이나 마이트너보다 파리의 퀴리 팀에서 진행하는 연구를 비중 있게 다루는 연구자들까지 존재했다.

여기에 독일의 한 물리학자가 이들의 핵분열 연구에 대해 우선권을 주장하고 나섰다. 1939년, 이다 노다크[Ida Noddack, 1896~1978]는 1934년에 자신이 이미 우라늄 원소의 핵분열을 예견했음에도 불구하고 오토 한이 논문에서 자신의 연구를 언급하지 않고 있다며 한을 비난했다. 편지로 이 소식을 전해 들은 마이트너도 한과 함께 매우 불쾌해했다. 노다크가 1934년에 핵분열 아이디어를 제안했던 것은 사실이지만, 학계에서 그녀의 논문은 진지한 고려의 대상이 되지 못했고 한과 마이트너에게도 별 영향을 미치지 못했기 때문이다.

이와 같은 상황 속에서 오토 한은 수년간의 노고 끝에 이룬 핵분열 발견에 대해 제대로 인정받지 못하고 있다는 불안감을 느꼈다. 이런 불안감은 핵분열을 '한의 발견'으로, 아니 '한 혼자만의 발견'으로 만들라고 한의 욕망을 부추겼다. 하지만 한의 욕망의 도화선에 불을 붙인 것은 스웨덴의 노벨상 위원회였다.

전쟁이 끝나고 스웨덴에서는 전쟁 동안 중단되었던 노벨상 수상자 선정 작업이 이루어졌다. 1944년 노벨 화학상 수상자로는 우라늄 핵분열 연구에 대한 공로로 한이 선정되었다. 정확히는 한 혼자만이 선정되었다. 1946년 스웨덴에서 이뤄진 노벨상 수상 연설에서 한은 우라늄 핵분열 발견에 마이트너와 프리슈, 슈트라스만이 했던 공헌을 언급했고 노벨상 상금을 마이트너와 슈트라스만에게도 나누어 줬다. 하지만 전후 상황 속에서 한의 태도는 변했다. 그는 핵분열 발견 과정에서 마이트너와 슈트라스만이 했던 역할을 과소평가하며 그들의 공을 무시하는 발언을 하곤 했다. 심지어 마이트너가 독일을 떠난 후에 핵분열을 발견

노년의 원자핵분열의 발견자들
좌측부터 슈트라스만, 마이트너,
한. 한의 노벨상 단독 수상으로
잠깐 껄끄러운 관계에 놓이기도
했지만 이들의 우정은 완전히 깨
지지 않았다.

하게 된 것을 근거로 마이트너는 방해가 되었을 뿐이라고 말하
기도 했다.

이 사건으로 인해 마이트너는 스웨덴 노벨상 위원회에 의해,
그리고 30년 지기 동료 연구자였던 한에 의해 연구 공로를 빼앗
긴 비운의 여성 과학자로 인용되곤 한다. 하지만 노벨상 위원회
가 인정해주지 않은 마이트너의 연구는 후대에 재평가를 받았
다. 1966년 마이트너, 한, 슈트라스만에게 원자과학 연구에 대해
주는 엔리코 페르미상^{Enrico Fermi Award}이 공동으로 주어졌고, 1984
년 독일 연구자들은 새로 발견한 109번 원소를 그녀의 이름을 따
마이트너륨^{meitnerium}(원소기호 Mt)으로 명명했다. 덧붙이자면, 이
사건으로 인해 한과 마이트너, 슈트라스만의 관계가 잠깐 껄끄

러워지긴 했지만, 30년 우정이 잠시의 욕망을 이겨냈다.

*

마리 퀴리의 역삼종지도 남성들과는 달리, 마이트너 주변의 남자들은 마이트너에게 절대적으로 헌신하거나 그녀를 무조건적으로 지원해주지는 않았다. 막스 플랑크는 처음엔 그녀의 연구 열정을 이해하지 못했고, 에밀 피셔는 그녀의 화학과 출입을 제한했으며, 30년지기 공동 연구자 오토 한은 결정적인 순간에 그녀의 공로를 부인했다. 그러나 이들은 또한 마이트너의 연구 경력에 큰 도움을 준 사람들이기도 하다. 플랑크는 그녀의 연구 능력을 인정해 수차례 그녀를 노벨상 후보로 추천했고, 피셔는 그녀에게 연구자로서의 일자리를 마련해주었다. 또한 한이 제안했던 공동 연구는 마이트너가 물리학자로서의 재능을 꽃피울 수 있었던 결정적인 계기가 되었다.

마리 퀴리나 리제 마이트너의 경우에서 볼 수 있는 것처럼 여성 과학자가 그 능력을 제대로 발휘하기 위해서는 주변에 그녀들의 실력을 제대로 인정해줄 줄 아는 남성 과학자들의 존재가 중요하다. 왜냐하면 여성 과학자가 겪는 사회적인 편견을 극복하는 데 있어 여성 개개인의 뛰어난 능력과 불굴의 의지에만 기대는 것은 한계가 있기 때문이다. 결국 그런 편견이 사라지는 것은 뛰어난 여성 과학자 개개인의 성취와 그것을 인정해주는 남성 동료들의 지지가 합쳐져야 가능해지는 것이 아닐까?

※ 방사성 원소

원자의 내부로 들어가보자. 저 멀리 중심에 커다란 원자핵이 보인다. 원자핵으로 날아가는 동안 우리는 몇 차례 원자핵 주위를 돌아다니는 전자를 만난다. 이제 원자핵에 아주 가까워져 원자핵을 이루고 있는 입자들을 구분할 수 있을 정도가 된다. 원자핵은 (+)전기를 띠고 있는 여러 개의 양성자 입자와 전기적으로 중성인 중성자 입자들로 이루어져 있다. 이중 원자핵의 종류를 결정하는 것은 양성자의 수이다. 원자핵에 포함되어 있는 양성자의 수에 따라 어느 화학 원소의 핵인가가 결정된다. 다시 말하면, 나트륨의 핵인지, 칼슘의 핵인지, 우라늄의 핵인지 등을 결정짓는 것은 원자핵에 있는 양성자의 개수인 것이다.

방사선은 원자핵의 변화 과정에서 방출되는데, 전기장에서 휘어지는 특성에 따라 α선, β선, γ선으로 구분된다. '미지의 선'이라는 의미에서 'X선'이라는 명칭을 붙였던 것처럼, α선, β선, γ선이라는 이름도 방사선의 정체가 무엇인지를 몰랐던 연구자들이 각 선을 구분하기 위해 그리스어의 순서대로 붙여주었던 것이다.

α선은 전기장에서 (−)쪽으로 휘는 것에서 유추해볼 때 (+)전하를 띠고 있는 것으로 짐작되었고 물체를 뚫고 지나가는 투과율이 매우 낮았다. β선은 전기장에서 (+)쪽으로 휘는, 즉 (−)를 띠고 있는 선으로 α선보다 높은 투과율을 보였다. γ선은 전기장에서도 휘지 않는 전기적으로 중성인 선으로, α선이나 β선에 비해 매우 높은 투과율을 보였다.

후에 α선은 2개의 양성자와 2개의 중성자로 구성된 헬륨 2가 양이온(He^{2+})이라는 것이 밝혀졌다. 원자핵에서 α입자가 방출되면, 원자핵은 두 개의 양성자를 잃게 되어 원자번호가 2만큼 빠른 화학 원소의 원자핵으로 변한다(α붕괴). β선은 빠른 속도로 운동하는 전자로 이 또한 원자핵에서 방출된다. 하지만 원

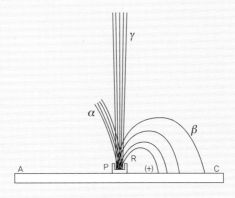

자핵에는 전자가 포함되어 있지 않다고 했는데, 어떻게 원자핵에서 β선이 나올 수 있는 것일까? 해답은 중성자에 있다. 원자핵 속의 중성자가 양성자와 전자로 붕괴되면서 전자가 원자핵 밖으로 방출되는 것이다. 이와 같은 β붕괴 과정에서 원자핵에는 양성자가 하나 늘어나서 원자번호가 1만큼 큰 화학 원소의 원자핵으로 바뀌게 된다. γ선은 α붕괴나 β붕괴에서 발생하는 에너지가 빛이나 X선과 같은 전자기파의 형태로 방출되는 것이다. 요컨대, 방사선은 한 원소의 원자핵이 다른 원소의 원자핵으로 변환되는 과정에서 원자핵으로부터 나오는 핵변환의 산물로, 연금술사들이 꿈꿨던 물질 변환의 징표인 것이다.

   모든 원소들이 방사선을 방출하며 핵변환을 하는 것은 아니다. 핵변환은 원자핵에 중성자와 양성자가 많이 들어 있는 무거운 원소에서 일어나는데, 몇 번의 변환을 거쳐 원자핵은 가볍고 안정적인 원자핵으로 탈바꿈한다. 방사성 원소란 이처럼 무겁고 불안정한 원자핵이 붕괴되면서 방사선을 방출하는 원소들이다. 따라서 방사선을 쫓아가다 보면 방사선을 방출하는 원소를 찾아낼 수 있다. 폴로늄과 라듐을 발견한 퀴리 부부와 프로악티움을 발견한 마이트너와 한이 사용했던 방법이 바로 이것이다. 방사선을 방출하는 물질을 화학적으로 분석하여 강한 방사선을 방출하는 순수한 화학 원소를 찾아냈던 것이다.

20세기에 부활한 연금술
원자핵물리학

　황이나 수은 같은 물질을 금, 은 등의 귀금속으로 변환시키는 것을 목적으로 했던 연금술은 기원전으로 그 연원이 올라갈 만큼 긴 역사를 지녔다. 하지만 16~17세기 근대 과학이 등장할 무렵, 연금술은 사회적인 비난에 직면했다. 프랜시스 베이컨^{Francis} $_{Bacon, 1561~1626}$은 아버지가 묻어놓은 보물을 찾기 위해 포도밭을 갈아엎었던 이솝 우화 속의 아들들에 연금술을 비유했다.

　그는 금을 만들어내려고 했던 연금술사들의 노력이 부수적으로 화학 분석 방법과 화학 실험도구의 발전을 이끌어내기는 했지만, 보물에 욕심을 냈던 아들들처럼 그 지식을 비밀로 지켜 사리사욕만 채우려는 연금술사들의 태도는 불건전한 것이라고 비난했다. 또한 연금술이 만들어낼 수도 있는 다량의 금은 국가 경제에 심각한 혼란을 야기할 수도 있었으므로 통치자들은 연금술을 정책적으로 억압했다. 이 결과 연금술은 음지로 그 자취를 감추게 되었다.

음지로 사라졌던 연금술사들의 꿈은 20세기에 의외의 영역에서 조금 다른 방식으로 실현되었다. 20세기 원자핵의 본성과 그 변화를 연구하는 핵물리학의 발전은 연금술사들이 실현하고자 했던 물질 변환의 꿈을 현실로 이루어냈다. 싸구려 물질을 비싼 금은으로 바꾸려던 연금술사들의 욕심은 실현되지 못했지만, 핵물리학은 금은으로 가득 찬 보물 창고 대신 과학 연구의 보고를 찾아냈다. 이제, 원자핵물리학을 탄생하게 만든 주역 중의 한 명, 마리 퀴리의 방사능 연구로 들어가보자.

수상한 광선의 정체

1895년 11월 8일 저녁, 독일 뷔르츠부르크 대학의 한 실험실. 밤의 어둠이 깔리면서 실험실은 점점 어두워지고 있었다. 하루의 실험을 모두 마친 빌헬름 콘라트 뢴트겐Wilhelm Conrad Röntgen, 1845~1923은 그날 실험에 사용했던 방전관*을 검은색 마분지로 완전히 덮어놓고 방을 나서기 전 불 꺼진 실험실을 둘러보았다. 그런데 방전관에서 조금 떨어진 곳에 있는 스크린이 어둠 속에서 빛나고 있는 것을 발견했다. 스크린은 방전관에서 나오는 음극선을 검출하기 위해 시안화백금산바륨을 발라서 만든 것이었는데, 바로 그 스크린이 어둠 속에서 형광을 발하고 있었다. 방전관은 분명 두꺼운 마분지로 가려져 있는데 어떻게 스크린에서 형광이 나올 수 있는지 이상했다. 마분지로 덮여 있는 방전관 앞에 스크린을 가져갔다 멀리 떼어보기도 하고, 방전관과 스크린 사이를 얇은 종이로 가렸다가 마분지로 가려보기도 하고, 이것저것 해봐도 스크린에서는 여전히 형광이 나오고 있었다.

뢴트겐은 집에 가려던 발길을 돌려 실험실 여기저기에 있는 물건들을 스크린 앞에 가져가 스크린에 그 그림자가 나타나는지를 조사했다. 곧 뢴트겐은 방전관에서 나오는 보이지 않는 미지의 광선이 대부분의 물체를 그대로 투과한다는 사실을 깨달았다. 즉, 미지의 광선은 대부분의 물체들을 뚫고 지나가 스크린에 그림자를 만들지 않았고, 드물게 뼈나 금속 조각 같은 경우에만 광선이 투과하지 못하여 그림자가 생겼다. 그때까지 이만큼 투과성이 좋은 광선은 알려진 적이 없었다. 이것은 지금까지 발견되지 않은 새로운 종류의 광선일까? 그렇다면 이 광선의 정체는 무엇이며 어디서, 왜 이 광선이 나오는 것일까?

그날 이후 7주 동안 뢴트겐은 아무에게도, 심지어 부인에게도 새로운 발견에 대해 언급하지 않은 채 비밀리에 이 '미지의 선'을 연구해나갔다. 얼마 후 뢴트겐은 자신의 이상한 행동을 의아해하던 부인에게만 새로운 발견을 알렸고, 뢴트겐 부인의 반지 낀 손은 이 미지의 선으로 찍어낸 첫 인체가 되었다.

1895년 12월 28일, 뷔르츠부르크 물리의학학회에 발표된 미지의 선에 대한 그의 논문은 그다음 해 1월 과학자들 사이에서 널리 읽혔다. 이 논문에서 그는 그 본성이 아직 밝혀지지 않은 이 광선을 X선이라 명명하고, 그것이 일반적인 음극선과 달리 자석으로도 그 경로가 휘지 않고 보통의 빛과 달리 굴절이나 반사도 일어나지 않은 채 대부분의 물질들을 투과한다고 밝혔다.

뢴트겐의 놀라운 발견을 알게 된 물리학자들은 곧장 자신의 실험실로 달려갔다. 당시 방전관은 물리 실험실에서 흔히 사용하던 것이기에 뢴트겐의 발견은 더욱 놀랍고 당황스러운 것이었다. 실험실에서 그들은 뢴트겐이 본 것과 같은 스크린의 형광을, 그리고 자신의 손뼈를 생전 처음 확인할 수 있었다.

우연히 이뤄진 뢴트겐의 발견은 원자 내부 연구의 중요한 동인이 되었다. 무엇보다 우리 몸속의 뼈까지도 보여주는 X선은 물리학자들의 호기심과 상상력을 강하게 자극했다. 논문이 발표된 직후인 1896년 한 해 동안 X선에 관해 총 50여 권의 서적과 팸플릿, 1,000편이 넘는 논문이 발표되었다는 점은 X선이 얼마나 많은 물리학자들의 관심을 끌었는가를 잘 보여준다. 다른 한

🏺 **방전관**

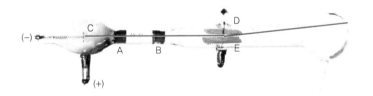

톰슨(J. J. Thomson)이 전자를 발견할 때 사용했던 방전관. 길이가 대략 1미터로 내부는 진공으로 유지하거나 아주 소량의 기체를 집어넣어 저압을 유지한다. 전지의 음극에 연결된 C에서 나온 음극선(한 줄기의 전자들)이 슬릿 A, B를 통과해 두 개의 금속판 D, E 사이로 지날 때 금속판 사이에 전기장을 걸어주면 (−)전하를 띤 음극선은 휘게 된다. 예를 들어 D에 (+), E에 (−)전기를 걸어 전기장을 만들면 (−)전하를 띤 음극선은 (+)쪽인 위쪽으로 휘어 방전관 오른쪽의 유리구 상단부를 빛나게 한다.

편, X선의 강력한 에너지가 주변 기체를 대전시킨다는 사실, 즉 쉽게 전기를 띠도록 만든다는 것이 알려지면서 X선은 물리학자들의 연구 주제이면서 동시에 기체의 이온화 연구를 위한 실험 도구의 역할도 하게 되었다. 마리 퀴리가 뛰어들게 되는 베크렐선도 X선이 던진 호기심에서부터 시작되었다.

또 다른 미지의 선 등장
베크렐선

1896년 1월 20일, 프랑스 과학아카데미 모임에서 베크렐은 동료 물리학자 푸앵카레로부터 뢴트겐의 X선 소식을 전해 들었다. 호기심을 느낀 베크렐은 뢴트겐의 X선 사진을 본 푸앵카레에게 방전관의 어디에서 빛이 나는지를 물었고 푸앵카레는 형광이 나는 부분에서 X선이 방출된다고 알려주었다. 이 대답은 베크렐의 흥미를 끌었다. 형광이 나는 부분에서 X선이 방출되는 것이라면, 형광과 X선 사이에 어떤 관계가 있는 것이 아닐까? 혹시 형광을 내는 물질을 조사하면 거기서 X선의 광원을 찾아낼 수 있지 않을까? 실험실로 돌아온 베크렐은 형광을 내는 물질들을 가지고 X선 검출 실험에 착수했다.

형광이나 인광을 내는 물질들로 실험을 해보았으나 처음에 그다지 의미 있는 실험 결과를 얻지 못했다. 그러나 우라늄염을 사용하면서 실험은 급속도로 진전했다. 두 겹의 검은 종이로 싼 사진판 위에 우라늄염을 올려놓고 하루 종일 햇빛을 쐬게 했더니 사진판에 우라늄염의 흔적이 남았다. 하지만 사진에 우라늄염이 '찍힌' 것이 아니라, 우라늄염에서 나온 증기와 사진판에 발라놓은 화학 물질이 반응하여 그 흔적이 남았을 가능성도 있었다. 베크렐은 사진판과 우라늄 사이에 유리를 끼워서 같은 실험을 반복했다. 결과는 유리판이 없을 때와 같았다. 증기의 영향은 아니었던 것이다. 다시 베크렐은 햇빛이 우라늄에 영향을 미쳐 사진판에 찍힌 것이 아닐까 의심했다. 그러나 이후 며칠 동안 흐린 날씨로 인해 실험은 중단되었다. 그는 종이로 싼 사진판 위에 우라늄염을 올려놓은 채로 서랍 속에 넣어두었다. 며칠 후 베크렐은 서랍 속에 있던 사진판을 인화해보았다. 햇빛을 받지 못했으니 아주 약한 흔적만이 남았을 것이라 기대했지만, 사진판에는 오히려 훨씬 선명한 흔적이 나타나 있었다. 이는 사진에 찍힌 흔적이 외부의 물리적 영향이 아니라 우라늄 때문이라는 것을 의

🏆 X선의 정체

X선은 전자가 지닌 에너지가 전자기파의 형태로 방출되는 것으로, 10~0.01나노미터(1나노미터=10^{-9}m)의 매우 짧은 파장을 지닌 전자기파이다.

X선은 전자가 잃는 에너지의 종류와 방출되는 X선의 형태에 따라 연속 X선과 특성 X선으로 구분된다. 연속 X선은 고속으로 운동하던 전자가 갑자기 정지하게 되었을 때 발생한다. 예를 들어 방전관의 (−)극에서 매우 빠른 속도로 튀어나온 전자가 (+)극을 만나 갑자기 정지하게 되었을 때, 전자가 가지고 있던 운동 에너지는 전자기파의 형태로 바뀌어 퍼져 나가는데, 이것이 연속 X선이다.

특성 X선의 경우에는 원자 내부에서 전자의 에너지 위치가 낮아질 때 만들어진다. 원자 내부의 높은 에너지 위치(준위)에 있던 전자가 매우 낮은 에너지 위치(준위)로 떨어지면서 그 차이에 해당하는 만큼의 에너지를 전자기파의 형태로 방출하는데, 이때 에너지가 충분히 클 경우 X선이 방출된다. 이 경우 X선은 원자 내 전자의 에너지 위치에 따라 결정되므로, 특성 X선은 각 물질마다 독특한 파장을 지닌다.

1896년 베크렐이 얻은 사진 우라늄염에서 나오는 베크렐선이 찍었다.

미했다. 더 구체적인 실험을 통해 베크렐은 우라늄에서 방출되는 선의 강도가 산화물이나 염과 같은 우라늄의 화학결합 상태에 상관없이 오직 화합물 중에 포함된 우라늄의 양에만 비례한다는 것을 밝혀냈다. 따라서 이 선은 우라늄과 같이 자연계에 존재하는 물질에서 나오는 것이었다. X선이 발견된 지 얼마 되지 않아 베크렐은 자연계에 존재하는 또 다른 미지의 선('베크렐선')을 발견하게 된 것이다. 그러나 처음 발견되었을 당시 베크렐선은 '뢴트겐선'의 인기에 눌려 그다지 주목을 받지 못했다. 몇몇 과학자들만이 그 잠재적 가능성을 알아챘을 뿐이었는데, 그중 한 명이 피에르 퀴리였다.

과학사를 보면 과학자들은 백지상태에서 문제를 만들어내는 것이 아니라, 이전의 이론과 실험 및 실험 도구가 만들어낸 이야기 줄기, 즉 과학의 맥락 속에서 의미 있는 연구 주제를 선택하고 거기에 맞는 실험을 계획해서 수행한다. 그런 점에서 이미 결과가 나온 연구일지라도 그 과정을 반복하는 것은 기존의 과학이 만들어낸 맥락을 파악한다는 점에서 매우 중요한 의미를 지닌다. 마리 퀴리의 방사능 연구도 이미 진행 중이던 이야기의 줄기를 따라가는 것, 즉 베크렐선 연구를 반복하는 것에서 시작되었다.

베크렐선 연구에 도전하다

1897년 12월, 첫딸 이렌을 낳은 지 얼마 지나지 않은 때, 마리 퀴리는 남편의 제안에 따라 베크렐선을 박사 논문 주제로 선택했다. 마리는 베크렐이 이미 했던 실험을 따라 하는 것으로 베크렐선 연구의 첫발을 내딛었다. 언뜻 보기에 이미 결과가 알려져 있는 실험을 반복하는 것은 다른 과학자의 연구를 확인시켜줄 뿐 새로운 연구 문제를 끌어내는 것과는 별 관련이 없어 보이지만, 이미 말했듯이, 과학 연구에서 기존 실험의 반복은 새로운 문제를 이끌어내는 데 있어 빠질 수 없는 매우 중요한 단계이다. 과학자들은 반복 실험을 통해 논문으로 읽은 것보다 더 정확하고 세밀하게 실험 현상을 이해할 수 있고, 실험 방법과 도구 다루기를 익혀 새로운 실험의 조작을 능숙하게 할 수 있다. 그리고 이 두 과정을 통해 선행 연구자들이 무심코 넘겼던 현상들을 발견하거나 혹은 새롭게 문제를 재규정할 수도 있다.

마리 퀴리는 베크렐이 했던 대로 우라늄염에서 나오는 베크렐선의 특성을 조사했다. 베크렐은 우라늄염에서 나오는 미지의 선

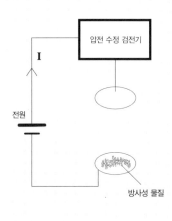

▲ 피에르 퀴리와 그의 형 자크 퀴리가 개발한 압전 수정 검전기
▶ 마리 퀴리의 방사능 세기 측정 실험 회로. 접시 위에 방사성 물질을 올려놓으면 거기에서 방출되
는 방사선으로 인해 주변 공기가 이온화되어 전기를 띠게 된다. 방사선의 강도가 셀수록 공기는 더
많이 이온화된다. 압전 수정 검전기로 이를 측정하여 방사선의 세기를 결정한다.

이 주위의 기체를 대전시킨다는 점에 주목해 주변 기체의 이온화
정도를 베크렐선의 강도를 측정하는 기준으로 사용했다. 마리도
기체를 이온화시키는 능력으로 베크렐선의 강도를 측정했다. 하
지만 베크렐이 단순한 금박 검전기를 사용했던 것과 달리 마리는
좀 더 정밀한 측정도구인 압전 수정 검전기^{piezoelectric quartz electrometer}
를 사용했다. 이는 수정과 같은 결정체에 압력을 가했을 때 결정
에 전압이 형성되는 '압전 현상'을 이용한 전기 측정도구로, 피
에르 퀴리와 그의 형 자크가 만든 것이었다. 베크렐선에서 나오
는 전류는 1피코암페어(1pA=10^{-12}A)의 단위로나 측정이 가능한
극미세량이어서 보통의 실험도구들로는 정밀한 측정이 쉽지 않
았으나, 마리 퀴리는 압전 수정 검전기를 이용해 베크렐선으로

인해 생기는 기체의 미세한 대전 현상을 정밀하게 측정할 수 있었다.

베크렐 실험의 반복을 통해 베크렐선 현상을 깊이 이해한 마리 퀴리는 연구 범위를 점차 확대해나갔다. 우라늄 화합물만 조사했던 베크렐을 넘어 마리는 모든 원소로 그 연구 대상을 확대했다. 그 결과 우라늄뿐 아니라 토륨(원소기호 Th, 원자번호 90번)에서도 베크렐선이 나오는 것을 확인할 수 있었다. 즉, 베크렐선은 우라늄만의 고유한 특성이 아니라 다른 원소에서도 관측이 가능한 자연계의 보편적인 현상이라는 것을 확인한 것이다. 이 현상의 보편성을 강조하기 위해 마리는 우라늄에만 국한되어 사용되던 베크렐선이라는 이름 대신, (미지의 선을) '방출^{radiate}하는 작용'이라는 의미의 '방사능^{radioactivity}'이라는 새로운 이름을 붙였고 이에 따라 베크렐선은 '방사선'이라는 새로운 이름을 얻게 되었다.

강력한 방사능의 근원을 찾아서
방사화학 방법 세우기

순수한 원소의 방사능을 조사했던 마리 퀴리는 우라늄과 토륨을 포함한 광석 전체로 방사능 연구를 확장해나갔다. 그녀는 파리 자연사박물관에 소장되어 있는 다양한 광석들을 빌려와 각 광석의 방사능 방출 여부를 조사했다. 연구 시작 후 4개월쯤 지나, 마리는 우라늄이나 토륨에서보다 훨씬 강력한 방사선이 방출되는 몇몇 광석을 발견할 수 있었다.

이 정도로 강력한 방사능을 방출할 정도라면 우라늄이나 토륨

등 기존 방사성 원소와는 다른 새로운 원소가 포함되어 있을 가능성이 높았다. 만약 이것이 새로운 원소라는 것을 밝혀낼 수 있다면 매우 가치 있는 연구가 될 터였다. 이 주제가 지닌 잠재적 가치가 점점 선명해지자 남편인 피에르 퀴리도 부인을 도와 방사능 연구에 본격적으로 뛰어들었다.

주제 자체는 매우 흥미진진했지만, 사실 광석에서 새로운 원소를 찾아내는 과정은 그렇게 매력적이지 않았다. 다양한 원소들이 불규칙하게 결합되어 있는 광석 속에서 강력한 방사능 원소를 뽑아내기 위해서는 나머지 부분들을 모두 제거해야 했다. 이는 물리학자인 마리 퀴리에게 익숙하지 않은 화학적 분석 방법이 필요한 일로, 광석을 잘게 부수고, 끓이고, 적당한 화학 용매를 선택해서 녹여내는 등 고강도의 노동을 수반하는 힘든 작업이었다.

효율적인 연구를 위해 마리 퀴리와 피에르 퀴리는 연구를 분담했다. 광석을 분해하여 강력한 방사능을 방출하는 결정을 얻어내는 화학적인 작업은 마리가, 결정에서 나오는 방사능의 물리적

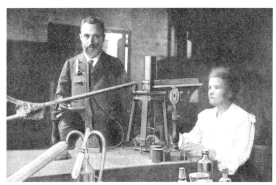

실험실에서 함께 연구 중인 퀴리 부부

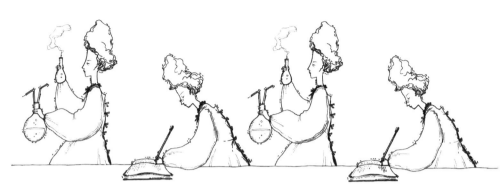

성격을 규명하는 일은 피에르가 맡았다. 마리 퀴리의 화학적 분석 작업은 역청우라늄(산화우라늄, $4UO_2$) 광산에서 우라늄을 추출하고 남은 광석 찌꺼기인 피치블렌드^{pitchblende}를 나르는 일부터 시작되었다. 한 번에 20킬로그램이 넘는 피치블렌드를 실험실로 날라 큰 덩어리들을 손수 부순 후, 그 조각들을 화학 용매가 담긴 솥에 넣고 커다란 철봉으로 저어 오랜 시간 끓여서 광석을 각각의 성분으로 분해해 녹이고 침전시켰다. 용매를 바꾸어가며 이 과정을 몇 번 반복한 끝에 결정 몇 개를 얻어낸 후에는 검전기로 방사능을 측정하여 더 강력한 방사능을 내는 결정을 선택하고 다시 그 결정을 정제하여 점점 더 순수한 결정, 다시 말하면 더 강력한 방사능을 방출하는 결정을 추출해갔다. 마리 퀴리가 했던 이 방법은 물리학에 화학적 분석 방법을 도입한 것으로, 이는 방사화학^{radiochemistry} 분야의 표준적인 실험 방법으로 자리잡게 된다.

이들의 실험은 피에르 퀴리가 교수로 있는 물리학 및 공업화학 시립대학의 실험실에서 이루어졌다. 마리 퀴리가 본격적인 화학 분석 작업을 시작하게 되자 부부는 학교의 허락을 받아 학교 마당 건너편의 빈 헛간을 사용했다. 이 헛간은 나무판자로 벽을 짓고 천장은 유리로 덮은 매우 허름한 가건물로, 화학 실험에 필요한 배기 시설이 갖추어지지 않은 것은 물론이고 제대로 된 실험기구들도 기대하기 힘든 곳이었다. 고작 나무 탁자 몇 개와 철제 난로 하나, 칠판이 그 안을 채우고 있을 뿐이었다. 후에 퀴리 부부가 노벨상 수상으로 유명해진 후에 이 '대단한' 실험실을 구경하러 온 과학자들은 그 명성의 정반대편에 놓일 정도로 허름한 실험실의 모습에 놀라움을 감추지 못했다. 물리화학자 빌헬름 오스트발트^{Wilhelm Ostwald, 1853~1932}도 그런 사람 중 한 명이었다. 마침 그가 방문했을 때 퀴리 부부는 여행을 떠나고 실험실은 비어 있었다. 주인 없는 실험실을 둘러본 오스트발트는 그 공간이 "마구간이나 감자를 저장하는 헛간" 같다면서 탁자에 놓여 있는 화학 물질들만 아니었다면 그곳이 실험실이라는 말을 믿지

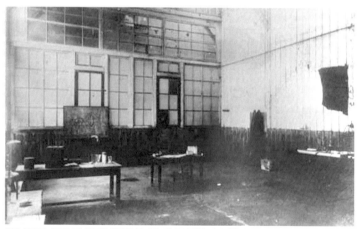

퀴리 부부가 폴로늄과 라듐을 발견한 물리학 및 공업화학 시립대학의 낡은 실험실

않았을 것이라고 회고하기도 했다.

　물론 퀴리 부부의 실험실만 특별히 형편이 어려웠던 것은 아니다. 당시 프랑스 정부의 연구 지원은 연구비 지원이 아니라 포상의 형태로 이루어졌기 때문에, 프랑스 과학자들은 상을 받을 만한 훌륭한 업적을 내기까지는 다른 곳에서 연구비를 끌어대거나 자비를 들여야 하는 실정이었다. 1900년 프랑스 정부가 과학계에 지원한 것을 보면 포상금이 연구 지원금의 9배에 달할 정도였다고 한다. 이에 비해 당시 과학의 최전성기를 구가하던 영국이나 독일의 경우에는 반대로 지원금이 더 큰 비중을 차지하고 있었다.

새로운 방사성 원소의 발견
폴로늄과 라듐

1898년 7월, 퀴리 부부는 우라늄보다 훨씬 강력한 방사능을 방출하는 원소를 찾아내는 데 성공했다. 파리 과학아카데미에 공동 명의로 발표한 논문에서 그들은 피치블렌드로부터 강력한 방사능을 띠는 물질을 분리해내는 방법과 그 물질의 물리적, 화학적 특성을 설명한 후, 이 물질이 그동안 발견된 적이 없는 강한 방사선을 방출하는 새로운 원소라고 주장했다. '저자 중 한 명의 고국의 이름을 따서' 새 원소는 '폴로늄'(원소기호 Po, 원자번호 84)으로 부르기로 했다. 그들은 이 논문에서 폴로늄 원소가 끊임없이 사라진다는 점 또한 언급했는데, 그 양이 얼마나 많은가에 상관없이 원래의 양이 반으로 줄어드는 시간(반감기)이 일정하다는 것도 밝혀냈다.

그러나 그동안 누구도 발견한 적이 없는 새 원소라면 어떻게 그 것이 그 원소인지 확인할 수 있을까? 나트륨 같은 원소는 분광기에 특유의 노란 선을 남겨 그 존재를 확인할 수 있지만 아쉽게도 폴로늄은 그런 독특한 스펙트럼선도 남기지 않았으므로 확인이 쉽지 않았다. 따라서 폴로늄 발견을 공식적으로 인정받기 위해서는 좀 더 순수한 폴로늄 결정을 얻어내는 일이 뒤따라야 했다.

이와 함께 퀴리 부부는 또 다른 방사성 원소의 발견에 착수했다. 폴로늄은 피치블렌드 분해 과정에서 생긴 황산화물에서 뽑아낸 것이었는데, 그때 제쳐두었던 바륨족의 화합물에서 폴로늄보다 강력한 방사능을 검출하게 되었던 것이다. 다시 힘겨운 화학 분석이 뒤따랐다. 물리학 및 공업화학 시립대학의 화학자 구스타브 베몽Gustave Bémont, 1857~1937이 연구에 동참하고 새로운 원소가 분광기에 고유한 선을 남긴다는 사실을 알게 되면서 새 원소를 찾는 일은 폴로늄을 발견하는 과정보다 훨씬 수월하게 이루어졌다.

1898년 9월, 폴로늄 발견을 공표한 지 두 달 만에 연구팀은 새 원소를 발견했다. 폴로늄의 방사능이 우라늄보다 400배 강한 데 반해, 이 새 원소는 900배나 강했으므로 '강력한 방사능 원소'라는 의미에서 그 이름을 '라듐'(원소기호 Ra, 원자번호 88)이라고 지었다. 베크렐선 연구를 시작한 지 채 1년도 안 되어 두 개의 새로운 방사능 원소를 발견한 것이다. 아직 박사 논문도 제출하지 않은 무명의 연구자 마리 퀴리가 그 발견의 중심에 서 있었다.

1903년 제3회 노벨 물리학상은 방사능 연구에 대한 공헌을 인정하여 베크렐과 퀴리 부부의 공동 수상으로 결정되었다. 이 소식을 접한 퀴리 부부는 처음에는 그 상의 가치를 제대로 인식하지 못했다. 폴란드에 있는 오빠에게 수상 소식을 전하면서 마리 퀴리는 이 상이 어떤 의미가 있는지 잘 모르겠다고 이야기했다. 부부에게 이 상이 의미가 있다면 그것은 그 상과 함께 오는 7만 프랑이 넘는 상금 때문이었다. 그 돈이 있으면 더 좋은 실험 시설을 갖출 수 있을 터였다.

노벨상 수상으로 프랑스 내에서 부부의 명성은 비교가 안 될 정도로 높아졌다. 이로 인해 부부는 "땅에 들어가 숨지 않으면 시간을 낼 수 없을 만큼" 바빠지고 정신없어졌지만, 덕분에 피에르는 소르본 대학의 정교수 자리를 얻고 더 좋은 시설의 실험실도 얻을 수 있게 되었다.

마이트너와 한의 공동 연구
프로트악티늄 발견

폴로늄과 라듐의 발견은 과학자들의 이목을 방사능으로 이끌었다. 재능 있는 과학자들의 연구가 이어지면서 20세기 초반 물리학에는 새로운 발견이 쉴 새 없이 등장했다. 우선 방사능 분야에서는 영국 캐번디시 연구소Cavendish Laboratory 출신의 러더퍼드와 파리의 퀴리 부부가 경쟁적으로 방사능과 방사선의 정체를 밝히는 연구에 뛰어들었다. 그들은 방사선이 전기적인 상태가 다른 세 개의 선들로 구성되어 있다는 것을 밝히고 정체를 알 수 없는 세 선에 차례로 α 선, β 선, γ 선이라는 이름을 붙였다. 계속된 연구를 통해 β 선은 (−)전하를 띤 고속의 전자, γ 선은 X선과 동일하지만 파장이 더 짧은 전자기파라는 것이 알려졌다. 또한 1903~1904년경에는 러

라듐을 들고 있는 퀴리 부부 1904년 12월 22일자 《배니티 페어Vanity Fair》에 실린 캐리 커처.

더퍼드가 비전하 측정을 통해 α 입자가 전자가 두 개 빠져나간 헬륨 양이온과 동일하다는 것을 밝혀냄으로써 방사선의 정체가 규명되었다.

한편 퀴리 부부의 연구는 새로운 원소의 발견에 대한 희망을 안겨주어, 새로운 방사능 원소를 발견하려는 연구들이 줄을 이었다. 새로운 원소 발견 소식이 여기저기서 들려왔는데, 그 중에는 기존 원소의 동위원소들, 즉 원자핵을 이루는 양성자의 수는 같으나 중성자의 수가 달라 화학적인 성질은 같으면서도 질량이 다른 원소들이 다수 포함되어 있었다. 1910년까지도 원자핵의 개념이나 동위원소의 존재가 알려지지 않은 상태였기 때문에 계속 발표되는 새로운 원소 중에서 실제로 어떤 것이 진짜 새로운 원소인지를 구별하기란 쉽지 않았다. 요컨대, 이 시기 방사능 연구에는 발견에 발견이 이어지고 그것의 진위 여부가 검증되고 그것들이 다시 새로운 연구를 낳는 열광과 혼란이 함께 존재하고 있었다.

리제 마이트너가 대학에서 물리학을 공부하고 있었을 때는 이처럼 방사능 연구가 물리학의 핫이슈가 되어 있었다. 그러나 그녀는 대학에서 방사능에 열광하지 않았고 열전도에 관한 연구로 박사 학위를 받았다. 리제 마이트너가 처음 방사능 연구를 접한 것은 박사 졸업 후로, 빈 대학에 새로 부임한 슈테판 마이어를 통해서였다. 그러나 1905년 잠시 동안 α 입자가 물질을 통과할 때 그 경로가 휘는지에 관해 연구했을 뿐, 오스트리아에서는 방사능을 진지하게 연구하지는 않았다.

방사능이 그녀의 주 전공 분야가 된 것은 순전히 오토 한 덕분이었다고 해도 과언이 아니다. 캐나다 맥길 대학의 러더퍼드 밑에서 박사후 연구를 수행했던 화학자 오토 한은 방사능 연구의 물리학 부분을 맡아줄 물리학자를 찾던 중 마이트너에게 공동 연구를 제안했다. 마이트너가 한의 제안을 수락하면서 평생 지속될 마이트너의 방사능 연구가 시작되었다. 퀴리 부부에서 방사능 원소의 화학 분석은 마리 퀴리가, 방사능의 물리적 연구는 피에르 퀴리가 맡았던 것과는 반대로, 한과 마이트너의 연구에서는 새로운 원소의 발견 및 관련 화학적 특성의 연구는 남성인 한이, 거기서 나오는 방사능의 특성 연구는 여성인 마이트너가 담당했다.

새로운 방사성 원소 찾기에서 원소가 방출하는 방사선은 숨어 있는 원소에 이르는 미로를 그려놓은 지도와 같았다. 따라서 지도를 제대로 읽어내는 것이 방사성 원소 찾기에서 매우 중요한 일이었다. 마이트너의 방사능 특성 연구는 이 지도를 읽어내는 방법을 연구하는 것과 같았는데, 마이트너는 그때까지 그 특성이 제대로 규명되지 않았던 β 선을 지도 읽기의 나침반으로 삼았다. 물질을 통과할 때 에너지 흡수가 어떤 식으로 이루어지는지에 대해 비교적 잘 알려져 있던 α 선과 달리, 당시 β 선의 에너지 특성은 잘 알려져 있지 않았다. 마이트너는 상식적인 가정, 즉 γ 선처럼 β 선도 물질을 통과하면서 지속적으로 감소할 것이라는 가정을 세우고 거기에 근거해서 β 선의 에너지 특성을 분석하는 더 좋은 방법을 찾아내는 데 주력했다. 후에 마이트너의 이 가정은 잘못된 것으로 밝혀졌고 이 때문에 마이트너와 한은 종종 잘못된 추론에 빠지기도 했지만 운 좋게도 꽤 많은 경우에 이 가정은 매우 잘 작동했다.

1차 세계대전 동안 한은 독일의 독가스 연구에 참여하고, 마이트너는 오스트리아군의 X선 기사로 참전하면서 두 사람의 연구는 지속되진 못했지만, 때때로 두 사람은 휴가를 내어 연구실로 돌아와 측정을 이어갔고, 그 결과 드디어 1918년 한과 마이트너는 91번째 원소인 프로트악티늄protactinium (원소기호 Pa)을 발견하게 되었다. 더불어 1912년 문을 연 카이저빌헬름 화학연구소에서 '방문객'의 신분으로 일해왔던 마이트너는 1918년 이 연구소 물리학 파트 책임자의 자리에 오르게 되었다. 과학적 업적에서

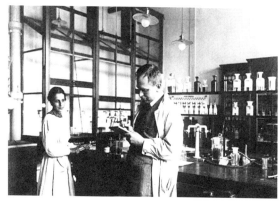

연구실에서 공동으로 방사능 연구를 하고 있는 마이트너와 한의 모습

나 연구소 내에서나 마이트너의 진면목이 그제서야 비로소 인정받게 된 것이다.

마이트너의 원자핵분열 발견

1930년대 초 물리학계는 놀라운 발견들로 흥분에 휩싸였다. 1932년 중성자 발견, 1933년 양전자 발견, 1934년 이렌과 프레데리크 졸리오-퀴리 부부의 인공방사능 발견이 이어지면서 원자핵물리학에 관심이 집중되었다. 또한 1934년에는 이탈리아의 엔리코 페르미$^{Enrico Fermi, 1901~1954}$가 원자핵에 중성자를 충돌시키면 원자핵이 중성자를 흡수하여 동위원소로 바뀌는 것을 발견했다.

이 소식을 전해 들은 마이트너는 한에게 원자량이 큰 방사성 원소에 중성자를 쏘는 실험을 제안했다. 우라늄(원자번호 92)과 같이 무거운 원자핵에 중성자를 충돌시키면 중성자가 흡수되어 우라늄보다 더 무거운 초우라늄^{transuranium}의 새로운 원소를 만들어낼 가능성도 다분했다. 1935년에 마이트너와 한의 연구팀에 화학자 프리츠 슈트라스만이 합류해서 연구가 가속되는 듯했으나 1938년 마이트너가 스웨덴으로 망명한 후 이들의 연구는 어려움에 봉착했다. 마이트너는 독일에 남은 한과 편지로 연구를 이어나갔다.

초우라늄을 발견하는 실험은 쉽게 진행되지 않았다. 오히려 예측과는 달리 토륨(원자번호 90)이나 악티늄^{actinium}(원소기호 Ac, 원자번호 89), 심지어 라듐(원자번호 88)과 같이 우라늄보다 가벼운 원소들이 만들어지는 것처럼 보였다. 당시의 핵 이론으로는 라듐의 생성을 설명하기 힘들었으므로 마이트너는 한에게 보내는 편지에서 의문을 제기하며 더 확실한 데이터를 찾아줄 것을 부탁했다. 확실한 데이터를 얻기 위해 더욱 철저하고 세심한 실험이 반복되었는데, 이번에 나온 결과는 더욱 이해하기 힘들었다. 1938년 한이 보낸 편지에 따르면, 우라늄과 중성자의 충돌로 생성되는 라듐을 분리해내기 위해 바륨을 사용했는데, 그렇게 해서 생성된 라듐과 바륨의 화합물에서 라듐을 검출해낼 수가 없다는 당혹스러운 내용이었다.

마이트너가 그 편지를 받았을 때 마침 코펜하겐의 닐스 보어 Niels Bohr, 1885~1962 밑에서 핵물리학을 연구하고 있던 조카 오토 프리슈가 크리스마스 휴가를 함께 보내기 위해 이모를 방문해 있었다. 두 물리학자는 눈 쌓인 길을 산책하면서 한이 보낸 이상한 결과에 대해 토론했다. 바륨으로부터 라듐을 검출할 수 없다면, 혹시 우라늄 충돌의 결과 바륨이 생성된 것이 아닐까? 그렇다면, 어떻게 우라늄과 같이 무거운 원소에서 바륨(원자번호 56)과 같이 가벼운 원소가 나오게 되는 것일까?

문제의 실마리는 오토 프리슈와 함께 연구하고 있던 보어가 제안했던 아이디어에서 나왔다. 20세기 양자역학의 대가 보어는 원자핵을 물방울에 비유했다. 보어의 물방울 모형liquid-drop model에 따르면, 원자핵은 양성자, 중성자를 담고 있는 안정된 물방울과 같다. 그런데, 커다란 우라늄의 물방울에 중성자 입자를 충돌시켜 약간이라도 요동치게 하면 어떻게 될까? 물방울을 구성하는 양성자들 사이의 척력으로 인해 커다란 물방울은 두 개의 작은 물방울들로 분열하지 않을까? 그렇다면, 바륨은 무거운 우라늄

물방울이 분열된 작은 조각 중의 하나가 아닐까? 마이트너는 눈밭에 앉아 이 반응에서 사라지는 질량과 이때 발생하는 에너지 사이의 관계를 계산했다. 그 결과는 아인슈타인의 E=mc² 에 정확히 들어맞는 값이었다. 처음으로 핵분열을 이해한 순간이었다. 지식플러스 참조

오토 한과 함께 연구하던 시절의 리제 마이트너의 모습

마이트너는 오토 프리슈와 함께 이 결과를 논문으로 출판하기로 했다. 프리슈와의 만남에서 어떤 성과가 있었는가를 묻는 오토 한에게는 정확히 밝히지 않은 채 신속히 논문을 작성했다. 다음 해인 1939년 1월 16일, 오토 한과 슈트라스만이 우라늄에 중성자를 충돌시키면 그 산물로 바륨이 나온다는 실험 결과를 공표한 지 열흘 만에 이것을 핵분열로 해석한 마이트너와 프리슈의 논문이 《네이처Nature》에 실렸다. 원자폭탄의 이론이 사람들에게 알려진 순간이었다. 그러나 이후 마이트너는 짧은 논문 몇 편을 제외하면 핵분열에 대해서는 더 이상 연구하지 않았다. 1942년 원자폭탄 개발에 참여해달라는 제의를 받기도 했으나 실현 불가능할 것이라는 '희망'을 버리지 않고 그 제의를 거절했다. 그러나 그녀의 희망과 달리 현실로 이루어진 원자폭탄은 수백만 명의 희생을 가져오게 되었다.

마리 퀴리와 리제 마이트너의 연구는 20세기 원자핵물리학의 발전에 엄청난 영향을 미쳤다. 이들이 여성이었기에 그 연구의

의미가 더욱 각별하기는 하지만, 여성이 아니었다 할지라도 이들의 과학적 업적은 과학사의 중요한 자리에 기록되었을 것이다.

마리 퀴리의 방사능 연구는 '방사화학'이라는 새로운 분야를 개척했다. 퀴리는 폴로늄과 라듐이라는 두 개의 새로운 방사성 원소를 발견하고 방사선의 성질을 규명하여 방사능을 중요한 연구 주제로 만드는 데 결정적인 역할을 수행했다. 폴로늄과 라듐 원소를 찾아내기 위해 채택했던 화학적 분석 방법과 물리적 분석 방법의 결합은 이후 방사화학의 표준적인 방법으로 자리잡게 되었다. 이처럼 주제와 방법이라는 면에서 마리 퀴리는 방사화학 분야를 열었다고 할 수 있다.

또한 그녀의 연구는 다른 물리학자나 화학자들에게 새로운 연구 방향을 제시해주었다. 과학자들은 퀴리의 연구에서 두 가지 방향의 새로운 연구 문제를 찾아낼 수 있었다. 첫째, 폴로늄과

1933년 솔베이 회의 마리 퀴리(좌측 5번째), 에브 퀴리(좌측 2번째), 리제 마이트너(우측 2번째)가 한자리에 모였다.

라듐의 발견은 다른 과학자들에게 방사능을 지닌 다른 원소들이 존재할 것이라는 믿음을 심어주고 새로운 원소를 찾는 데 동기를 부여해주었다. 둘째, 퀴리의 연구는 방사선에 대한 관심을 불러일으켰으며, 이는 방사선을 방출하는 원자핵에 대한 연구, 즉 핵물리학을 이끌었다. 핵물리학의 등장과 발전에 퀴리만이 영향을 끼친 것은 아니지만, 퀴리의 연구가 큰 자극제가 되었음을 부인하기는 어려울 것이다.

마이트너의 연구는 이처럼 퀴리가 시작하고 촉진시킨 연구 위에서 시작되었다. 마이트너와 한의 프로트악티늄 발견은 퀴리의 새로운 원소 발견을 모델로 해서 이루어졌다고 할 수 있기 때문이다. 실상 마이트너의 핵분열 연구도 우라늄보다 더 무거운 새로운 방사성 원소, 즉 초우라늄 원소를 찾기 위한 연구에서 시작되었다. 그러나 여기서 나온 예상치 못했던 놀라운 발견은 퀴리의 연구만큼이나 큰 영향을 미쳤다. 핵분열 과정에서 손실되는 아주 작은 양의 질량으로부터 아인슈타인의 질량-에너지 등가식에 따라 엄청나게 많은 에너지가 발생한다는 것을 밝혀냄으로써 마이트너는 핵 시대의 서장을 열었다. 원자폭탄과 원자력 발전과 같이 핵분열에서 발생하는 핵에너지를 이용하는 시대가 열린 것이다.

요컨대, 퀴리와 마이트너는 그들의 연구를 통해 원자핵 내부를 들여다볼 수 있게 해주었다. 그들이 만들어놓은 창을 통해 우리는 원자핵 내부에서 일어나는 신비로운 변화를 이해할 수 있게 되었다. 그들은 신비로운 연금술의 세계에 속해 있던 것을 합리적인 과학의 영역으로 끌어들인 과학자들이었다.

✳ 방사성 원소의 핵분열

핵분열은, 하나의 세포가 더 작은 두 개의 세포로 분열하는 것처럼, 무거운 원자핵이 두 개의 가벼운 원자핵으로 쪼개지는 현상으로 이때 방사선이 함께 방출된다.

1934년 이탈리아 물리학자 페르미 연구팀이 중성자를 원자핵에 쏘아 핵변환을 일으키는 실험에 성공했다. 중성자는 원자핵 변환을 연구하는 데 매우 유용했다. 원자핵이 (+)전기를 띠고 있기 때문에 양성자나 알파 입자를 원자핵에 쏘면 전기적으로 척력이 작용하여 원자핵에 도달하기도 전에 경로가 휘게 된다. 전자는 전기적으로 (−)라서 원자핵에 도달할 수 있지만, 양성자나 중성자 질량의 1/1,800에 불과할 정도로 작아서 다수의 양성자와 중성자로 이루어져 있는 원자핵에 충격을 주기에는 역부족이다. 이에 비해 중성자는 전기적으로 중성이기 때문에 척력이 작용하지 않으며 질량도 크기 때문에 원자핵에 충격을 주어 핵변환을 일으키기에 좋았다.

핵분열은 우라늄과 같은 무거운 원소에 중성자를 쏘아줄 때 일어난다. 우라늄처럼 무거운 원소의 원자핵은 불안정한 상태에 놓여 있다. 여기에 중성자를 하나 더 쏴서 집어넣으면 그렇지 않아도 불안정했던 무거운 원자핵은 상대적으로 가벼운 두 개의 새로운 원소의 원자핵으로 쪼개진다. 즉, 무거운 원자핵 A가 가벼운 원자핵 B와 C로 바뀌는 것이다. 그런데 이때 B와 C만 나오는 것이 아니다. 가벼운 두 개의 원자핵을 만들어내고 남은 여분의 중성자가 핵분열 과정에서 빠져나오게 된다. 이 중성자들은 주변의 원자핵 A로 들어가 다시 핵분열을 촉발시키고,

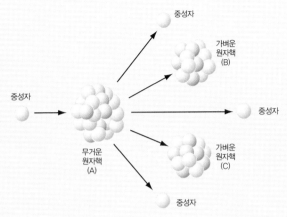

원자핵분열 모식도
중성자neutron를 무거운 원자핵에 쏘면 가벼운 원자핵fission product 두 개로 쪼개지고 여분의 중성자가 튀어나온다. 이 중성자는 옆의 원자핵으로 가서 동일한 연쇄반응을 일으킨다.

새로운 핵분열에서 나온 중성자들은 또다시 새로운 핵분열들을 일으킨다. 이처럼 하나의 중성자를 발사시켜 시작된 원자핵 하나의 핵분열은 주변 원자핵의 핵분열을 연쇄적으로 일으키게 되는데, 마치 사슬에 사슬이 이어지는 듯하다는 의미에서 이를 연쇄반응chain reaction이라고 한다.

1938년 스웨덴의 눈밭에서 마이트너는 우라늄 핵분열 과정에서 일부 질량이 사라진다는 것을 알아냈다. 즉 처음 원자핵 A가 가지고 있던 질량에 비해 핵분열의 결과로 발생한 원자핵 B와 C, 그리고 중성자의 질량의 합이 더 적어진다는 것이다. 사라진 질량은 어디로 갔을까? 해답은 $E=mc^2$에 들어 있었다. 유명한 아인슈타인의 질량-에너지 등가 공식에 딱 맞는 만큼의 에너지가 핵분열 과정에서 발생했던 것이다.

'핵분열'이란 이름은 마이트너와 그녀의 조카 오토 프리슈가 처음 만들어낸 이름이라고 한다. 그들은 핵분열이 세포분열과 유사하다고 생각하여 이와 같은 이름을 붙여주었다.

여성 과학자의 리더십

흔히들 여성은 리더십이 약하다고 한다. 여성 개개인의 뛰어난 능력을 인정하는 사람들 중에서도 여성의 지도력에 대해서는 회의적인 시선을 보내는 사람이 적지 않다. 리더든 구성원이든 간에 여성은 한 조직이나 집단의 일원으로 자신을 조화시키는 데 익숙하지 않아서 개인으로서는 훌륭한 업적을 낼 수 있다 할지라도 집단에서는 그렇지 못하다는 것이다.

과학은 홀로 연구하는 활동이라는 이미지가 강해서 과학자와 리더십은 관련이 적은 것으로 생각하기 쉽지만, 최근 수십 년간 이루어진 과학사 연구에서는 소규모 과학자 집단의 높은 생산성에 주목하고 있다. 일반적으로 실험실이나 연구소, 대학의 사제관계를 중심으로 만들어지는 이 과학자 집단을 '연구학파^{research school}'라고 부르는데, 뛰어난 연구 성과를 내는 연구학파에는 이들을 이끄는 인물인 연구 리더가 빠지지 않는다. 성공적인 연구학파의 리더들은 보통 카리스마 있고, 그 자신이 과학자로서 높은 명성을 지니고 있으며, 학생들이나 연구원들과 격의 없는 편안한 관계를 유지하는 경우가 많다. 또한 연구소 소장이나 대학 교수로서 제도적인 힘을 지니고 있는 경우가 많으며 그 힘을 토대로 연구에 필요한 재정적 지원을 이끌어내고 소속 연구원들의 연구가 순조롭게 논문으로 나올 수 있도록 영향력을 발휘하기도 한다. 학생과 연구자들은 이처럼 지도자로서도, 연구자로서도 뛰어난 사람들 밑으로 몰리기 쉽고 그러면 이들은 생산성 높은 하나의 연구학파를 결성하게 된다.

여성 과학자 개개인의 연구 업적에 대해서는 점점 더 많은 연구가 이루어지고 있지만, 그동안 연구 리더로서 여성 과학자의 역할을 살펴보는 연구는 쉽게 찾아보기 힘들었다. 이는 여성 과학자의 수가 상대적으로 적었던 것에서 연유한 것이기도 하지만, 다른 한편으로는 여성의 리더십을 심각하게 고려하지 않는 사회적인 분위기에 영향받은 것으로도 볼 수 있다. 연구 리더로서 바라본다면, 마리 퀴리는 어떤 평가를 받을 수 있을까?

연구 리더, 마리 퀴리

마리 퀴리는 여성 과학자의 대명사로 존경을 받아왔지만 여성 과학자이기 때문에 간혹 그녀의 능력이 과소평가되기도 했다. 남편과의 공동 연구는 그녀의 능력을 과소평가하고자 하는 사람들에게는 좋은 구실이 되었다. 훌륭한 과학자를 남편(혹은 아내)으로 두었다면 자신도 마리 퀴리와 같은 일을 해낼 수 있었을 것이라고 공공연히 말하고 다닌 과학자도 있었다. 여기에 마리 퀴리의 연구가 풍기는 인상도 그녀를 낮게 평가하고자 하는 사람들이 쉽게 갖다 대는 근거였다. 마리 퀴리가 했던 화학 분석은 날마다 부수고 끓이고 하는, 뛰어난 지적 능력보다는 꾸준한 인내심을 요구하는 단조로운 일처럼 보였던 반면에, 남편 피에르 퀴리의 일은 실험 결과의 해석과 관련된 이론적이며 지적인 일처럼 보여서 방사능 연구의 중요한 성과는 피에르 퀴리에 의해 이루어졌다는 주장이 나오기도 했다. 한마디로 마리 퀴리는 자기 연구 성과를 부인과 나눌 줄 아는 고매한 인품의 남편을 만나 그 능력 이상의 평가를 받았다는 것이다.

그러나 앞 장에서 보았다시피, 그녀는 방사화학 분야를 연 뛰어난 연구자였다. 그뿐만 아니라 마리 퀴리는 연구소를 이끈 과학 리더로서도 그 명성을 누릴 만한 자격이 충분하다. 마리 퀴리가 열악한 환경 속에서 방사능 연구에 필요한 자원들을 확보하고 이후 자신의 연구소를 방사능 연구의 세계적인 중심지로 만들었던 면모는 바로 리더로서의 마리 퀴리의 능력을 보여주는 것이라고 할 수 있다. 그럼 리더로서 퀴리의 모습을 살펴보도록 하자.

우선 다수의 연구원을 이끄는 리더가 되기 위해서는 그 자신이 연구자로서의 능력과 명성을 지니고 있어야 한다. 그래야 연구원들에게 의미 있는 연구 주제를 제시하고 그들의 연구를 평가할 수 있기 때문이다. 마리 퀴리의 이런 능력은 이미 앞에서 확인했으니 생략하기로 하자.

둘째, 연구소의 리더는 연구자로서 뛰어나야 할 뿐만 아니라

Marie Curie

연구를 위한 각종 밑천을 모으는 데 능해야 한다. 이 점에서도 마리 퀴리는 매우 유능했다. 피에르 퀴리가 살아 있었을 때도, 그의 사후에도 마리 퀴리는 연구에 필요한 자원을 모으는 기회를 매우 적극적으로 이용했다.

우선 라듐을 뽑아내는 데 필요한 피치블렌드를 확보해야 했다. 그 당시 양질의 우라늄이 가장 많이 나는 곳은 오스트리아·헝가리 제국에 속했던 요아힘슈탈^{Joachimsthal}(현재는 체코의 야히모프^{Jáchymov}) 광산이었다. 당시 우라늄은 유리에 노란색을 내기 위해 사용되곤 했는데, 이를 위해 광산에서 우라늄을 채취하고 나면 우라늄이 빠진 엄청난 양의 '광석 찌꺼기(피치블렌드)'가 버려졌다. 퀴리 부부에게 중요했던 것은 이 찌꺼기였다. 아무도 관심 갖지 않는 이 찌꺼기 속에 그들이 찾는 라듐이 숨어 있었다. 빈의 지질학자 에두아르트 쥐스Eduard Suess, 1831~1914의 도움을 받아 이 광물 찌꺼기 1톤을 얻어 분석해본 결과, 그들은 그 안에 라듐이 비교적 풍부하게 들어 있다는 것을 알게 되었다. 그들은 오스트리아 정부와 협상하여 더 많은 피치블렌드를 확보하는 데 성공했다. 곧 실험실로 수 톤의 피치블렌드가 옮겨졌다. 이후에도 마리 퀴리는 벨기에령 콩고에 있는 한 회사에 우라늄이나 라듐을 개발하는 방법을 조언하고 대신 피치블렌드를 제공받아 방사능 물질을 확보하는 데는 큰 어려움을 겪지 않았다고 한다. 이렇게 라듐을 얻는 데 필요한 원재료는 확보되었다.

다음은 라듐을 분리해내는 손쉬운 방법을 찾아야 했다. 처음 피치블렌드 덩어리에서 라듐을 분리해내는 일은 순전히 마리 퀴리의 몫이었다. 무거운 광석 덩어리를 옮기고 부수고 끓이는 힘든 일을 반복하느라 마리는 몸무게가 9킬로그램이나 줄어들 정도였다고 한다. 그러나 1899년부터는 과학기구 제작사의 도움을 받을 수 있었다. 과학기구 제작사인 소시에테 상트랄 데 프로두이 시미크Société centrale des produits chimiques와 협력해 피치블렌드를 처리하여 비교적 순수한 물질에 가깝게 만드는 준공업적인 방법을 개발하는 데 성공했다. 피치블렌드를 갈고, 열을 가하고 끓여서 분리해내는 일들은 이제 마리의 손을 떠나 소시에테 상트랄 공장의 기계와 거기서 고용한 사람들이 대신해줄 수 있게 되었다. 그 덕에 마리는 분리되어 나온 결정들을 가져다가 다시 정제하여 더욱 순수한 라듐으로 만드는 데만 주력할 수 있게 된 것이다. 게다가 피에르 퀴리의 제자였던 앙드레-루이 드비에른^{André-}^{Louis Debierne, 1874~1949}이 공장 감독의 역할을 맡아주어 마리는 걱정하지 않고 물리학 및 공업화학 시립대학 실험실에서 연구를 수행할 수 있었다. 협력의 대가로 라듐 추출물을 회사와 공유해야하기는 했지만, 덕분에 부부는 각종 화학약품도 싼 가격에 구입할 수 있었다.

그다음은 순수한 라듐을 확보하는 일이었다. 마리 퀴리는 순수한 라듐을 가능한 한 많이 확보하기 위해 노력했다. 마리는 1911년 랑주뱅과의 스캔들 이후 언론과의 접촉을 극도로 싫어하고 피했는데(이 스캔들에 대해서는 뒤에 살펴볼 것이다), 그런 그녀가 미국 잡지 《딜리니에이터^{The Delineator}》와의 인터뷰에 응했던 것도 이와 관련이 있었다. 1920년의 인터뷰에서 마리 퀴리는 딜리니에이터의 편집장 메리 멜로니^{Marie Meloney}에게 라듐을 발견한 자신의 실험실에 라듐이 부족하다는 점을 강조했다. 20년 넘게 연구를 했는데도 마리 퀴리 연구실에 있는 라듐은 고작 1그램이 전부였다. 이에 비해 전 세계에는 총 140그램의 순수 라듐이 존재하는 것으로 추정되었고, 그중 50그램이 미국에는 있는 것으로 알려져 있었다.

미국에 돌아온 멜로니는 인터뷰에 대한 답례로 마리 퀴리에게 라듐을 사주기 위한 모금 운동을 벌였다. 멜로니는 미국 부통령 캘빈 쿨리지^{John Calvin Coolidge, Jr., 1872~1933}와 친구 사이였고 그 외에도 영향력 있는 사람들을 많이 알고 있었는데, 이들의 명성을 활용하여 라듐 1그램을 사는 데 필요한 10만 달러 모금에 성공했다. 귀한 라듐 1그램이 마리 퀴리에게 보내졌다.

여기에 그치지 않고 멜로니는 마리 퀴리에게 미국 강연을 제안했다. 퀴리의 미국 강연을 통해 다시 라듐 1그램을 살 수 있는 돈을 모금할 수 있다는 것이었다. 퀴리는 이 제안을 상당히 세심하게 검토한 후 멜로니에게 편지를 써서 불명확해 보이는 몇 가지 점들을 확실하게 정했다. 우선 미국 강연을 통해 얻을 수 있는 라듐의 양이 1그레인(1gr, 1g의 15분의 1에 해당)인지 1그램인지를 확인했다. 1그레인의 적은 양이라면 굳이 실험실을 비우면서까지 미국에 갈 필요가 없어 보였기 때문이었다. 둘째, 라듐의 법적인 소유권자가 퀴리가 소속된 대학인지, 아니면 퀴리본인인지를 확실하게 할 필요가 있었다. 멜로니는 이 두 가지에 대해 모두 퀴리에게 만족스러운 답변을 보내주었다. 마리 퀴리의 미국행은 순조롭게 이루어졌고 미국에서 열렬한 환호를 받았으며 돌아올 때는 라듐 1그램을 손에 넣을 수 있었다. 퀴리의소유인 그 라듐은 언니 브로냐가 소장으로 있는 폴란드의 라듐연구소로 보내졌다.

방사능 연구의 중심지로

연구 밑천을 확보하는 일과 함께 연구소에서 이루어진 연구를 발표할 수 있는 안정적인 발표 창구를 확보하는 것도 연구 리더에게는 매우 중요한 능력이다. 마리 퀴리에게는 《르 라듐Le Radium》이라는 잡지가 이역할을 해주었다. 1904년 라듐 공장을 세운 아르메 드릴Armet de Lisle이 피치블렌드 처리를 맡아주었는데, 드릴과의 협력은 《르 라듐》을 사이에 두고 더욱 긴밀해졌다. 공업화학자였던 드릴은

1904년 잡지 《르 라듐》을 창간했다. 이 잡지는 라듐 연구의 공업적 측면과 과학적 측면을 소개하는 것을 주목적으로 하긴 했지만, 다양한 과학도구 광고와 물리학, 화학 분야의 다른 논문들도 함께 실어서 라듐에 대한 폭넓은 관심을 불러일으키는 데 중요한 역할을 했다. 여기 실린 방사능 관련 연구의 수준은 그 기고자들을 보면 알 수 있는데, 퀴리 실험실은 말할 것도 없고 피에르의 제자이자 그 또한 뛰어난 화학자였던 랑주뱅, 러더퍼드와 함께 원소 변환을 연구한 소디, 가이거 계수기를 만든 한스 가이거^{Hans Geiger, 1882~1945}, 기름방울 실험으로 전자의 정확한 전하량을 측정한 미국의 로버트 밀리컨^{Robert Millikan, 1868~1953} 등이 이 잡지에 논문을 발표했다.

이 잡지는 여러모로 퀴리 실험실을 널리 알리는 데 중요한 역할을 했다. 특히 피에르 퀴리의 옛 조수였던 자크 단^{Jacques Danne}이 드릴의 공장에서 감독을 맡고 잡지 편집도 도와서 퀴리 실험실에는 더욱 유리했다. 1904년 1월 창간호 표지에는 퀴리 부부와 조수 프티^{Petit}가 실험실에 있는 모습이 실렸다. 또한 보통 퀴리 실험실에서 나오는 논문은 잡지의 제일 첫 부분을 장식해서, 잡지를 펼쳐 들자마자 눈에 띄었다. 재미가 없어서 금세 잡지를 내려놓는 사람일지라도 퀴리 실험실의 이름 정도는 확인할 터였고, 실험실 홍보에 안성맞춤이었다.

다음으로, 마리 퀴리는 연구소의 명성을 강화하기 위한 제도적인 노력들을 통해 리더로서의 자신의 모습을 각인시켰다. 베크렐과 퀴리 부부의 연구 이후 방사능은 물리학계를 흥분시키는 뜨거운 연구 주제가 되었다. 퀴리 부부의 실험실과 함께 조지프 톰슨^{Joseph John Thomson, 1856~1940}의 영국 캐번디시 연구소, 톰슨의 제자 러더퍼드가 간 캐나다 맥길 대학이 방사능 연구의 중심지로 부상하면서 방사능 연구 경쟁이 점차 가열되었다. 이런 경쟁 속에서 마리 퀴리는 자신의 실험실의 위치를 확고하게 하기 위한 행동을 취하게 된다.

그중 가장 중요한 것이 바로 방사능의 국제적인 표준을 '마리 퀴리식'으로 정하기 위한 노력이었다. 1906년부터 국제 학회에서 방사능 측정 기준을 정하는 문제가 제기될 때마다 마리 퀴리는 라듐을 그 기준 원소로 정해야 한다고 주장했다. 1910년 브뤼셀에서 열린 '전기와 방사선학에 관한 국제 학회'에서 또다시 그 문제가 거론되었을 때도 마리 퀴리는 다시 라듐을 주장하여 결국 그 주장이 받아들여졌다.

측정 단위를 정하기 위해 '라듐 기준을 위한 국제 위원회'가 열렸을 때 마침 마리 퀴리는 몸이 안 좋아서 회의에 참석할 수 없었다. 그 자리에서 방사능 측정 단위를 적은 양의 라듐이 방출하는 방사능 기체를 기준으로 하기로 하고, 그 단위로 퀴리의 이름을 사용하기로 결정이 되었다. 그 자리에 참석했던 동료를 통해 그 소식을 전해 들은 마리 퀴리는 동료를 통해 즉각 반대 의사를 표명했다. 그렇게 적은 양을 기준 단위로 삼는 것은 의사들이나 지질학자들에는 적합할지 몰라도 대량의 방사능을 다루는 물리학자들에게는 적합하지 않다는 것이 그 이유였다. 이번에도 마리 퀴리의 의견이 받아들여졌다. 라듐 1그램이 방사능 표준 단위의 기준으로 설정되었고, 그 단위를 지칭하는 이름으로 '퀴리(기호는 Ci)'가 결정되었다.

마리 퀴리는 왜 방사능 단위를 결정하는 일에 이토록 강하게 자신의 주장을 밀어붙였던 것일까? 아파서 참석도 못 한 자리에까지 영향력을 행사하려고 했던 것일까? 그저 방사능 연구에서 이루어왔던 성과들을 인정받고 싶은 명예욕에서 그랬던 것일까?

그보다 방사능 기준은 좀 더 실질적인 이해관계를 가지고 있었다. 일단 방사능 단위가 정해지면 그 단위를 정밀하게 측정하는 일이 뒤따라야 했고, 거기에 산업적으로나 상업적으로 방사능을 이용하려는 사람들의 수요가 이어졌다. 전 세계적으로 라듐을 확보하고 있는 연구소가 얼마나 되겠으며 그중에서 퀴리의 실험실만큼의 신뢰도를 얻을 수 있는 곳이 얼마나 되겠는가? 마리 퀴리가 방사능의 단위를 자신의 뜻에 맞게 결정되도록 하자, 이제 퀴리 실험실은 방사능의 여러 기준 값들을 결정하는 공식적인 기관의 역할을 하게 되었다. 방사능 제품을 이용하는 상인들은 퀴리의 연구소에 표본 측정을 의뢰하고 수수료를 지급하고 보증서를 받아갔다. 방사능 기준 단위를 자신에게 유리하게 만듦으로써 마리 퀴리는 방사능 연구 중심지로서 퀴리 연구소의 입지를 다시 한 번 다졌던 것이다.

마리 퀴리는 본인도 훌륭한 연구자였고 연구소의 운영자로서도 뛰어난 면모를 보였다. 이런 점에서 그녀는 '여성' 과학자라는 타이틀을 넘어 '과학자'로서도 제대로 된 평가를 받을 가치가 있다.

마리 퀴리는 연구 리더가 갖추어야 할 여러 조건들에 상당히 부합되는 모습을 보인다. 두 번의 노벨상을 받은 연구자로서 높은 명성을 지녔고 라듐 연구소의 소장으로서 제도적 권력을 지니고 있었으며 연구에 필요한 물질적, 재정적 자원들을 끌어모으는 데도 뛰어났다. 또한 《르 라듐》을 만들어 연구 논문이 빠르게 발표될 수 있는 창구도 확보했다. 이런 특징들만 가지고 그녀가 성공적인 연구학파를 이끈 리더였다고 결론짓기는 어렵지만, 적어도 성공적인 연구 리더의 조건을 갖추고 있었다고 평가할수는 있을 것이다.

연구 리더로서 리제 마이트너는 어떤 평가를 받을 수 있을까? 아쉽게도 지금까지 나온 마이트너에 대한 연구들에서는 연구 리더로서 그녀를 볼 수 있게 해주는 자료들이 그다지 많이 포함되어 있지 않다. 이와 같은 자료 부족은 마이트너가 연구 리더로서의 자질을 지니고 있지 않았기 때문인 것으로도 볼 수 있지만, 한편으로는 여성 과학자에 대한 연구에서 연구 리더로서 그들을 조망하는 분석적 시각이 부족했기 때문일 수도 있다. 이런 이유

🏺 방사선의 위험성

인체가 외부로부터 방사선을 쏘이는 경우뿐 아니라 입이나 코, 상처 등을 통해 체내로 들어간 방사성 물질이 방출하는 방사선도 위험하다. 일반적으로 400R(뢴트겐)에 해당하는 방사선에 단기간 내에 피폭되었을 경우 사망 확률이 50%가 된다. 700~1,000R의 방사선에 피폭되면 구토, 식욕 부진 등이 나타나다 2주일 이내에 100% 사망한다. 2,000R 이상에 피폭되면, 피폭 직후 구토와 구역질이 나고 경련, 마비가 동반되며 며칠 이내로 100% 사망하나 심할 경우 즉시 사망할 수도 있다. 미량의 방사선에 장기간 피폭된 경우나 3~5년 이상의 잠복기를 거치고 발병한 경우에는 백혈병, 적혈병, 재생 불량성 빈혈 등이 발병할 수 있다.

에서 마이트너의 리더십에 대한 평가는 더 많은 연구들이 이루
어지기 전까지는 잠시 유보해야 할 듯싶다.

✳ 방사능에 매혹된 사람들

오늘날 우리는 방사능이 인체에 얼마나 유해한지 잘 알고 있지만 방사능 연구 초기만 해도 그 위험성은 잘 알려져 있지 않았고, 대중들은 오히려 방사능이 열어줄 다양한 가능성들에 매혹되는 일이 많았다.

1904년 런던에서 출판된 방사선과 라듐에 관한 책에는 독자가 직접 해볼 수 있는 실험이 소개되기도 했다. 한쪽 눈을 감고 눈꺼풀 위에 검은 종이를 덮어 빛이 들어오지 않게 가린 뒤 그 위에 라듐을 갖다 댄다. 그러면 감은 눈을 통해 희미한 빛을 느낄 수 있는데, 책의 저자는 라듐에서 나오는 방사선으로 인해 눈의 조직이 형광을 띠게 되기 때문이라고 설명했다. 저자는 친절하게도 라듐 화합물을 살 수 있는 방법도 소개해주었는데, 순수 라듐은 무척 귀하고 비쌌지만 라듐 화합물은 그리 비싸지 않아 일반인들도 쉽게 구할 수 있었다.

같은 해 미국 무용수 로이 풀러Loie Fuller, 1862~1928가 파리에서 공연을 하기로 했다. 풀러는 '빛의 요정'이라는 별명에 걸맞게 어둠 속에서도 빛을 내고 싶어 했다. 풀러는 퀴리 부부에게 귀한 라듐을 조금 나눠달라고 부탁했다. 라듐으로 의상을 장식하겠다는 것이었다. 당연히 퀴리 부부는 이것을 거절했다. 이유는 라듐 방사선의 위험성 때문이 아니라 순수 라듐이 무척 귀했기 때문이었다.

라듐의 의학적인 유용성이 알려지면서 라듐은 만병통치약으로 알려졌다. 방사능이 건강한 피부를 유지시켜주고 피부의 흠집마저 없애주며 노화된 세포는 죽이고 새로 젊은 세포를 생성시켜준다는 광고와 함께 라듐을 첨가한 화장품이 등장했고, 라듐이 첨가된 샴푸나 헤어 제품은 물론이고 심지어 유아 속옷용 털실에도 라듐을 첨가하기도 했다.

방사선에 대한 열광은 꽤 오랫동안 유지되었고 사람들은 방사선이 인체에 미칠 위험성에 대해 무심했다. 심지어 마리 퀴리마저도 그런 사실을 인정하지 않으려고 해서, 실험실에서 일하던 연구원들이 방사능 물질에 오랫동안 노출되어 심한 화상을 입거나 아플 경우에도 그것이 방사능 때문이라는 주장을 받아들이지 않았다. 그러는 사이, 방사선은 서서히 마리 퀴리를 잠식해 들어갔다. 라듐을 만졌던 퀴리의 손은 자주 화상을 입었고, 그녀의 안구를 뚫고 지나간 방사선은 백내장을 유발했다. 1930년대에 마리 퀴리를 만난 사람들은 두 번의 백내장 수술로 시력을 많이 상실하고 계속해서 손을 떠는 병든 퀴리의 모습에 놀라곤 했다.

만남 6

과학계의 마녀사냥

미국 보스턴에서 북쪽으로 올라가면 세일럼Salem이라는 어촌 마을이 나온다. 조용하고 평화로워 보이는 곳이지만, 이런 이미지와는 달리 이 마을은 몇백 년 전 마녀사냥의 광풍에 휩싸였었다. 1692년 마을 담임목사의 딸이 갑작스러운 발작 증상을 보인 것이 모든 일의 시작이었다. 며칠 새 발작을 일으키는 소녀들이 늘어나자 마을에서는 의사를 초빙해 왔다. 원인을 찾지 못한 의사가 사탄의 소행으로 돌리면서 사태는 예기치 못한 방향으로 진행되었다. 소녀들의 심문을 통해 목사 집의 하녀, 마을의 여자 거지, 안 좋은 행실로 평이 나빴던 나이 든 노파가 마녀로 지목되었다. 이들을 체포했는데도 목사 딸의 병세가 오히려 심해지자 다시 심문이 이뤄졌고 마녀로 지목되는 사람의 수는 점점 늘어났다. 그중에는 독실한 신앙생활로 존경받던 사람들까지 포함되어 있었다. 이어지는 마녀사냥으로 총 185명이 체포되었다. 59명이

재판을 받았는데, 그중 31명이 유죄판결을 받고 23명이 처형되거나 감옥에서 사망했다고 한다. 마녀사냥 중의 세일럼은 사적인 원한, 집단적인 종교적·정치적 불안감, 식민지에서의 팽팽했던 긴장감이 일시에 표출된 집단 광기의 장소가 되었다. 1년여의 시간이 흐른 뒤, 마녀사냥에 지친 사람들 사이에서 자성과 반성의 목소리가 나오고 그동안 체포되었던 사람들을 방면시키면서 마을을 휩쓸었던 마녀사냥의 광풍은 끝을 맺게 되었다.

〈세일즈맨의 죽음Death of a Salesman〉(1949)으로 유명한 극작가 아서 밀러Arthur Miller, 1915~2005는 〈시련The Crucible〉(1953)이라는 작품을 통해 이 사건을 재조명한 바 있다. 밀러가 250년도 더 지난 과거의 사건을 꺼내 든 것은 당시 미국 사회를 휩쓴 매카시즘을 비판하기 위해서였다. 밀러가 보기에 자신이 살기 위해 죄 없는 사람을 마녀로 지목했던 세일럼의 마녀사냥이나 자신의 안위를 위해 주변 사람들을 공산주의자로 몰아댔던 매카시즘은 250년이라는 간격에도 불구하고 집단적인 공포가 사회의 소수자들을 희생시켰다는 면에서 본질적으로 같은 사건이었다. 하지만 밀러가 〈시련〉을 쓰게 된 데는 더 중요한 계기가 있었다. 친구였던 엘리아 카잔Elia Kazan, 1909~2003 감독이 매카시즘의 광풍이 휘몰아치던 당시에 공산주의자로 지목되어 비미非美활동위원회 앞에 불려가 "공산주의 활동을 한" 다른 연극인들의 이름을 폭로했고 이것이 할리우드에 큰 충격을 몰고 왔다. 카잔의 사건을 지켜본 밀러는 〈시련〉을 내놓았고 이것이 비미활동위원회의 눈에 들게 되었다. 1956년 밀러 역시 비미활동위원회에 불려 갔지만 그는 끝까지 주변 사람들을 끌고 들어가지 않아 형을 선고받았다.

시대를 막론하고 이와 같은 마녀사냥은 냉철한 비판이 나올 여지를 무섭게 막아버린다. 예리한 비판의 목소리를 내는 것은 마녀로 지목받는 지름길이라는 것을 알기 때문에 사람들은 알면서도 그냥 눈을 감아버리고 어느새 그 사냥질에 동참하게 된다. 그렇기에 마녀사냥은 집단적 광기와 연결되어 있고 집단에 포함되지 못하는 소수자들은 가장 손쉬운 사냥감이 되기 마련이다.

마리 퀴리와 리제 마이트너는 자신이 속한 사회에서 이방인이었다. 프랑스에서 활동한 마리 퀴리는 폴란드 출신이었고, 독일에서 일했던 리제 마이트너는 오스트리아 출신 유대인이었다. 이방인으로서, 마이너리티로서 그들이 당했던 마녀사냥은 어떤 것이었을까?

마리 퀴리의 과학아카데미 도전

1789년 프랑스혁명 이래로 프랑스는 대내외적으로 늘 정치적인 소용돌이에 휩싸여 있었다. 1830년과 1848년 두 번의 혁명, 1870~1871년의 프로이센·프랑스 전쟁에서의 패배 등 굵직굵직한 역사적 사건들이 이 시기 프랑스를 특징지었다. 특히 프로이센·프랑스 전쟁에서 패배한 이후 정치적으로 매우 예민해져 있던 프랑스는 좌파와 우파 사이의 대립이 심각했다. 과학계 내부의 사정도 그리 다르지 않아서 어느 학교 출신인가에 따라 파벌이 나뉘기도 했다.

피에르 퀴리는 진보적인 부모 덕에 제도 교육에 얽매이지 않을 수 있었다. 그래서 당시 프랑스에서 최고의 과학자들을 배출하고 있던 에콜 폴리테크니크^{École polytechnique}와 같은 프랑스 최고의 과학자 양성 학교를 나오지 않았다. 이 점은 피에르 퀴리의 과학 연구에 별로 장애가 되지 않았지만, 엘리트 교육기관 출신들이 다수를 차지하고 있는 프랑스 과학아카데미에 진출할 때는 분명 문제가 되었다. 처음 그가 아카데미 회원 선거에서 떨어진 것은 그가 선거 운동에 열성적이지 않았던 이유도 있었지만, '학연'을 동원할 수 없었다는 점도 중요했다. 그러나 방사능 연구와 노벨 물리학상 수상을 통해 국제적인 명성을 쌓고, 약간의 선거 운동을 보탠 덕에 1905년에는 회원에 선출될 수 있었다.

1906년 남편의 급작스러운 죽음 이후 마리 퀴리는 과학자로서 홀로 섰다. 1911년 무렵에는 세계 여러 나라의 과학 단체들에서 그녀의 연구를 높이 평가해 조국 폴란드를 비롯해

"아카데미 토너먼트: 여성이 아카데미에 들어갈 수 있을까?" 퀴리가 과학아카데미 회원의 후보로 에두아르 브랑리와 경합을 벌일 당시의 신문 기사

체코, 네덜란드, 러시아 상트페테르부르크 과학아카데미, 미국철학회American Philosophical Society의 회원이 되었다. 그러나 외국에서 인정받은 것에 비해 프랑스 과학아카데미에서 인정받기는 쉽지 않았다. 프랑스에서 활동하고 있었지만 그녀는 외국인이고 또한 여성이었기 때문이다. 어쩌면 폴란드인이라는 것보다 여성이라는 조건이 더 큰 장애가 되었을지도 모른다. 그때까지 프랑스 과학아카데미 회원 중에 여성은 한 명도 없었다.

1910년 11월, 공석이 된 과학아카데미 회원에 퀴리가 후보로 올랐다는 기사가 신문에 실렸다. 퀴리와 함께 경합을 벌일 과학자로는 무선전화의 아버지로 칭송받던 에두아르 브랑리Édouard Branly, 1844~1940와 마르셀 브리유앵이 거명되었다. 마리 퀴리의 후보 지명에 대해 보수 성향의 언론들은 비판적인 입장을 표명했다. 아니, 정확하게는 여성이 후보가 된 것을 심하게 비꼬았다. 예를 들어《르 피가로Le Figaro》에는 어깨를 드러낸 드레스에 머리를 풀어 헤친 여성이 프랑스 과학아카데미의 둥근 지붕을 모자

삼아 쓰고서는 "이 둥근 지붕을 모자로 쓰면 얼마나 예쁠까?"라고 말하는 만평이 실렸다. 이보다 더 심하고 '진지했던' 것은 우파 신문인 《엑셀시오르Excelsior》였다. 《엑셀시오르》는 마리 퀴리의 골상骨相과 손수 쓴 글씨를 분석하여 빗나간 의지와 적절치 못한 야망의 소유자인 그녀는 과학아카데미 회원으로는 적합하지 않다는 '과학적인 분석'을 내놓았다.

이런 소란스러움에도 마리 퀴리는 프랑스 과학아카데미에 들어가는 것을 포기하지 않았다. 의욕적으로 활동해보려다 갑자기 세상을 떠나버린 남편 때문에라도, 그리고 과학자로서 인정받아야겠다는 본인의 자존심 때문에라도 이 기회를 놓칠 수 없었다.

1911년 1월 23일, 프랑스 과학아카데미에서 마리 퀴리와 에두아르 브랑리를 두고 투표가 실시되었다. 최초의 아카데미 여성회원이 나올까 호기심에 가득 찬 기자들이 몰려든 가운데 개표가 시작되었다. 결과는 30 대 28, 애석하게도 두 표 차이로 마리퀴리 대신 브랑리가 새로운 회원으로 뽑혔다. 마리 퀴리를 그렇게 보내고 난 후, 프랑스 아카데미는 1979년이 되어서야 첫 여성 회원을 받아들였다. 혁명의 나라에 어울리지 않는, 정말 보수적인 모습이다.

랑주뱅과의 스캔들

폴 랑주뱅은 퀴리 부부와 인연이 깊다. 그는 피에르 퀴리와는 사제지간으로, 열일곱 살 때 물리학 및 공업화학 시립대학에 들어와 피에르 아래서 연구를 시작했다. 뛰어난 학생이었던 랑주뱅은 명문 에콜 노르

말 쉬페리외르$^{École\ normale\ supérieure}$(인문고등사범학교)에서 수석을 차지하고, 1897년, 외국인으로는 처음으로 연구 장학금을 받아 영국의 캐번디시 연구소로 유학을 갔다. 거기서 그는 전자를 발견한 톰슨 아래서 원자 구조에 대한 연구를 하게 된다. 피에르 퀴리가 소르본 대학의 교수가 된 후에는 물리학 및 공업화학 시립대학으로 돌아와 스승의 자리를 이어받았다. 퀴리 부부와 랑주뱅의 관계는 사제지간을 넘어 함께 과학을 연구하는 동료이자 절친한 친구로까지 발전했다.

퀴리 부부와 랑주뱅, 물리화학자 장 페랭$^{Jean\ Perrin,\ 1870~1942}$, 자연사학자 앙리 무통$^{Henri\ Mouton,\ 1869~1935}$은 자녀들을 학교에 보내는 대신 소르본식 '이동대학'으로 교육을 대신했다. 즉, 그들의 집과 소르본의 실험실을 돌며, 자신의 전공 분야를 살려 아이들을 공동으로 교육시켰다. 그들이 할 수 없는 과목에 대해서는 다른 사람들의 도움을 얻기도 했는데, 영어와 독일어 교육은 한 대학 교수의 부인이 담당해주었고 미술 교육은 친분 있는 조각가의 도움을 받았다. 랑주뱅과 부인 잔 데스포세$^{Jeanne\ Desfosses}$ 사이의 네 아이들도 여기 다니고 있었으므로 랑주뱅네와 퀴리네는 온 가족이 서로를 잘 알고 지냈다.

그런데 랑주뱅 부부는 서로를 잘 이해하지 못해서 결혼 생활이 순탄치 못했다. 때로는 아침 밥상에서 아이들을 앉혀놓은 채로 싸우기도 했고, 잔이 아이들 앞에서 남편에게 폭언을 퍼붓는 경우도 있었다. 랑주뱅의 불행한 결혼 생활을 알게 된 마리 퀴리는 그에게 연민을 느꼈고 마음 약한 랑주뱅이 연구에 몰두하지 못할까 걱정했다. 랑주뱅 또한 피에르 퀴리의 예상치 못한 죽음으로 비탄에 빠진 마리 퀴리를 보고 가슴 아파 했다. 힘들었던 두 사람은 서로 마음을 털어놓으며 우정에서 연민으로, 연민에서 애정으로 그 관계가 발전했다.

1911년 11월 4일, 일이 터졌다. 신문《르 주르날Le Journal》에 '퀴리 부인과 랑주뱅 교수의 사랑 이야기'라는 제목으로 두 사람의 관계가 폭로된 것이다. 신문은 마리 퀴리를 네 아이의 아버지를 가정에서 끌어낸 가정 파탄범으로 묘사하면서 이 문제의 책임을 전적으로 마리 퀴리에게 전가시켰다. 이어 11월 23일《뢰브르 L'Œuvre》에는 '소르본 스캔들'이라는 제목으로 마리 퀴리가 랑주뱅에게 보냈다는 편지 몇 통의 발췌본이 실렸다. 편지의 내용에 따르면 마리 퀴리는 랑주뱅에게 부인과 이혼하기 위해서 그 사이에서 아이를 더 이상 갖지 말라고 충고했다. 프랑스 우파 언론에서는 이 사건을 '프랑스 남성을 꼬여낸 외국인 여성 대 애국적인 프랑스 어머니' 간의 대립으로 그려냈다. 프로이센·프랑스 전쟁의 패배 이후 프랑스인들에게 출산은 징집 대상의 증가와 연결된 문제였다. 이런 때 폴란드인 마리 퀴리는 프랑스 남성에게 아이를 낳지 말라고 충고를 하고 있는 것이다. 애국적인 프랑스 여성이었다면 감히 그런 말을 했겠는가! 우파 언론들은 유부남과의 사랑이라는 점보다 이 점을 더 강하게 비난했다. 마리 퀴리는 애국적인 프랑스 어머니와 그의 아이들에게서 남편을 훔쳐간 반역적인 외국인 여자, 그 외의 다른 어떤 존재도 아니었다.

《락시옹 프랑세즈l'Action française》에 실린 기사에서는 마리 퀴리가 과학자로 취급받고 있기는 하다. 그러나 그녀가 과학자라는 것을 인정해주는 것은 그녀를 비난할 만한 무기를 찾을 수 있을 때

뿐이었다.

한 가장으로 하여금 그의 가정을 파괴하도록 떠민 이 외국인
여성은 이성과 도덕적으로 우월한 삶을 걸고 초월적인 이상을
말한다고 주장한다. 그러나 그 초월적 이상 이면에는 소름 끼
치는 이기심이 숨어 있다. 그녀는 불쌍한 남편, 아내, 아이들
을 저버렸다. …… 그리고 그녀는 **과학자로서의 치밀함으로 교묘
한 수단을 연구하여**, 이 가엾은 아내를 고문하여 그녀를 절망에
빠뜨리고 불화를 조장했다.

또 다른 우익 신문 《랭트랑지장L'Intransigeant》은 마리 퀴리에게
프랑스를 떠날 것을 촉구하며 그녀의 과학적 명성에도 흠집을
내려고 했다. 그동안 마리 퀴리의 업적이 지나치게 과대평가되
었다는 것이었다. 그 신문의 기사들은 '프랑스 어머니〔랑주뱅의
부인〕는 승리하리라'라는 구호를 외치거나 '모든 프랑스 어머니
들은 희생자의 편에 서서 가해자들에게 맞서고 있다'며 '희생자
프랑스 어머니 대 가해자 외국인 마리 퀴리'라는 구도를 계속해
서 끌고 나갔다. 우습게도 이런 신문 기사에서 스캔들의 또 다른
주인공인 랑주뱅에 대한 비난은 찾아보기 힘들었다. 가끔 그가
언급될 때조차도 그는 사악한 마리 퀴리에게 잘못 걸려든 불쌍
한 프랑스인 남편 혹은 아버지로 그려질 뿐이었다.

퀴리의 지인들을 제외하면, 신문에 공개된 편지를 마리 퀴리
가 진짜 쓴 것인지, 어떻게 기자가 두 사람 사이의 지극히 사적
인 편지를 입수할 수 있었는지 등에 대해 의문을 갖는 사람은 거

의 없었고, 마리 퀴리를 끌어내리려는 우익 언론들의 의도는 꽤 성공을 거둔 것처럼 보였다. 퀴리의 집 앞은 신문 기자들과 퀴리를 비난하려는 사람들로 넘쳐나서 퀴리는 첫딸 이렌을 페랭의 집으로 피신시키고 자신도 둘째 에브를 데리고 수학자 에밀 보렐Émile Borel, 1871~1956의 집으로 피해야 했다.

이 힘든 시기에 마리 퀴리의 친구들은 그녀를 세상의 험악한 시선으로부터 보호해주고 그녀에게 힘이 되어주었다. 마리가 피해 있던 보렐의 집은 고등사범학교 소유였는데, 교육부 장관은 마리 퀴리가 그곳에 머무는 것은 학교 입장에서 좋지 않으니 속히 마리를 내보내라고 압력을 가했다. 그러나 힘든 상황에 처한 친구 사정을 모른 체할 수 없었던 보렐은 교육부 장관의 압력에 대해 거부 의사를 밝혔다. 피에르 퀴리의 형 자크 퀴리도 신문들의 행태에 대해 크게 분노하며 마리 퀴리를 위로했다. 그는 죽은 동생의 부인이 유부남과 '불륜'에 빠진 것을 비난하는 대신 사태를 이 지경까지 끌고 온 랑주뱅의 부인을 역병과 같은 존재라고 비난했다.

이 사건에 대한 마리 퀴리의 반응은 표면적으로는 무척 당당했다. 사건이 터진 직후인 11월 5~8일자 《르 탕Le Temps》에서 그녀는 자신의 사생활을 침해하는 출판물들에 대해 법적인 대응을 할 것이며 거기서 나오는 배상금을 과학 연구를 위해 사용하겠다는 뜻을 밝혔다.

11월 4일자 《르 주르날》에 기사가 나간 직후, 스웨덴에서 기쁜 전보가 날아왔다. 1911년 노벨 화학상 수상자로 마리 퀴리가 선정되었다는 것이다. 라듐과 폴로늄 발견, 라듐 추출 기술, 라듐 특성에 대한 연구 공로를 인정한다는 것이었다. 노벨상이 만들어진 이후 남녀 통틀어 처음으로 두 차례 노벨상을 받게 된 것이다. 그것도 처음에는 물리학에서, 이번에는 화학에서 받는, 이래저래 의미가 많은 상이었다. 그러나 이 뜻깊은 수상은 랑주뱅과의 스캔들에 묻혀 전혀 이목을 끌지 못했다.

11월 23일 마리 퀴리가 랑주뱅에게 보냈다는 편지가 공개되고 난 후에는 상황이 매우 나빠졌다. 스캔들이 터진 이후에도 계속해서 마리 퀴리를 지지해왔던 스웨덴의 화학자 스반테 아레니우스^{Svante Arrhenius, 1859~1927}가 편지 공개에 충격을 받아 마리 퀴리에게 편지를 보내왔던 것이다. 약간 돌려 말하기는 했으나 아레니우스가 보낸 편지의 요지는 퀴리 본인이 알아서 노벨상을 받지 않겠다는 뜻을 밝혀달라는 것이었다. 스웨덴 노벨상 위원회 입장에서는 사적인 문제 때문에 이미 발표한 수상자를 취소할 수도 없고 그렇다고 이렇게 문제가 크게 불거진 시점에 퀴리에게 그대로 상을 주기도 부담스러웠던 것이다. 이번에도 퀴리의 태도는 매우 당당했다. 아레니우스에게 보낸 답장에서 퀴리는 노벨상은 과학 연구에 주어지는 것이며, 사생활과 관련된 중상모략과 명예 훼손 때문에 상을 포기하는 것은 적절치 못한 행동이라며 수상을 포기하지 않겠다는 뜻을 밝혔다.

1911년 12월 11일 마리 퀴리는 보란 듯이 노벨상 시상식에 참석했다. 지난 수상 때 시상식에 부부 중 아무도 참석하지 않았던 것과는 대조적이었다. 노벨상 수상 강연에서 마리 퀴리는 당당히 남편의 이름을 거론하며 그녀와 피에르가 함께한 연구에 주어지는 이 상을 피에르 퀴리를 추모하는 의도로 받아들이겠다고

말했다. 노벨상 시상식을 뒤로하고 힘들었던 1911년이 저물어
갔다.

랑주뱅 스캔들에서 주목할 점은 지극히 개인적일 수 있는 사
건이 우파 언론에 의해 사회·정치적으로 확대 해석되는 방식이
다. 우파 언론들은 여성, 외국인이라는 마리 퀴리의 정체성을 교
묘하게 엮어 국수주의를 강화하려는 정치적 목적에 이용했다.
마리 퀴리의 불륜을 도덕적으로 지탄하는 표면적인 논조 아래에
는 타자를 설정하여 그에 대비되는 '우리'의 결속을 강화하고
'우리 것'의 가치를 높이려는 배타적인 국수주의적 의도가 놓여
있었던 것이다. 남성의 불륜에 대한 당시의 인식이 지금과 달랐
다는 점을 고려할지라도, 부인을 두고 다른 여자를 사랑한 랑주
뱅에 대한 도덕적 비난이 매우 약했고 심지어 그를 영악한 마리
퀴리에게 이용당한 어리석은 희생자로 포장하기도 했던 것은 랑
주뱅 스캔들이 도덕적인 훈계를 위해서가 아니라 정치적인 목적
으로 이용되었다는 것을 보여준다.

이 사건이 확대시켜버린 외국인으로서의 이미지는 꽤 오랫동
안 마리 퀴리와 가족들을 괴롭혔다. 1914년 1차 세계대전이 발
발하면서 이것은 가족에게 더 큰 고통이 되었다. 전쟁 와중에 퀴
리와 그 딸들은 이방인이라고 비난받았으며, 심지어 독일 스파
이라고 욕하는 사람들도 있었다.

마리 퀴리가 다시 프랑스인이 된 것은 1차 세계대전이 끝나고
나서였다. 1차 세계대전 중 방사선 진단 장비를 갖춘 차량("작은
퀴리"라는 애칭으로 불렸다)을 끌고 부상당한 병사들을 돌본 공로
와 마리 퀴리에 대한 미국인들의 열광에 놀라 프랑스인들은 그

녀를 다시 자랑스러운 프랑스인으로 받아들였다.

**마이트너의
독일 탈출**

1933년 1월 히틀러가 독일 총리에 임명되고, 그해 3월 선거에서 히틀러의 나치가 43.9퍼센트에 이르는 득표율을 거두면서 히틀러의 제3제국이 시작되었다. 다음 해 8월 대통령 힌덴부르크 ^{Paul von Hinden-burg, 재임} ^{1925~1934}가 사망하자 히틀러는 대통령제를 폐지하고 자신이 총통 겸 총서기에 앉았다. 본격적인 히틀러의 독재가 시작된 것이다. 히틀러의 제3제국은 1차 세계대전의 패배로 손상된 독일인의 자존심을 이용해 선동적인 대중정치를 펼쳤다. "순수하고 우수한 아리아 민족이 왜 1차 세계대전의 패배를 맛보아야 했는가?" 히틀러는 그 원인을 내부의 적, 유대인에게서 찾았다. 유대인에 대한 제3제국의 박해가 시작되었다.

유럽 대륙으로 퍼져 나가던 반유대인 정서는 과학계라고 해서 피해 가지 않았다. 오히려 몇몇 과학자들은 반유대인 정서를 자신이 선호하는 과학의 지위를 강화하는 데 적극적으로 이용하기도 했다. 특히 그런 일그러진 반응은 20세기 양자역학과 상대성 이론의 등장으로 이론물리학의 대중적인 이미지가 고양되는 것에 위기를 느낀 전통적인 실험물리학자들 중에서 나왔다. 그 대표적인 인물이 요하네스 슈타르크 ^{Johannes Stark, 1874~1957}와 필리프 레나르트 ^{Philipp Lenard, 1862~1947}로, 이들은 '아리아 민족의 과학'은 직관적이고 경험적인 반면에 유대인의 물리학은 이론적이라고 규정짓고, 순수한 아리아인의 과학이 유대인 과학에 의해 오염되었다고 비난했다. 이들에게 아인슈타인의 상대성 이론은 유대인 과학을 대표하는 것이었다. 이런 생각으로 '아리아 민족의 물리학'을 옹호하는 사람들은 아인슈타인이 상대성 이론을 발표하는 학회장 앞에서 아인슈타인의 이론은 틀린 것이고 나쁜 유대인의 과학이라는 내용을 담은 팸플릿을 돌리기도 했다. 심지어 베르너 하이젠베르크^{Werner Heisenberg, 1901~1976}*처럼 아리아인이면서도 양자역학을 연구하는 사람들에 대해서는 '백색 유대인'이라는 비난도 서슴지 않았다.

1933년 비아리아인의 공직 취임을 금지하는 법이 발효되었다. 이 법에 따라 유대인 교수나 조교들은 대학을 떠나야 했다. 리제 마이트너의 조카로 함부르크 대학에 박사후 연구원으로 있었던 프리슈는 미국 록펠러 재단의 장학금을 받아 다음 학기부터 이탈리아 페르미의 실험실에서 연구를 할 예정이었다. 이 장학금은 연구를 마치고 돌아올 자리가 정해져 있어야 하는 조건이었는데, 비아리아인 공직 금지법으로 함부르크로 돌아올 수 없게 되면서 장학금도 받을 수 없게 되었다. 아인슈타인은 미국 체류 중에 이 소식을 듣고 독일로 귀국하지 않기로 결정하고 독일 시민권도 반납했다. 1938년 노벨 물리학상을 받게 된 이탈리아의 페르미는 노벨상 수상식을 핑계로 무솔리니^{Benito Mussolini, 1883~1945} 정부로부터 온 가족이 스웨덴 스톡홀

> 🏛 **베르너 하이젠베르크**
> 양자역학의 수립에 중요한 역할을 한 이론물리학자. 1925년에 발표한 행렬역학은 에어빈 슈뢰딩거(Erwin Schrödinger, 1887~1961)의 파동방정식과 함께 양자역학을 수학적으로 구체화시켰다. 이어 1927년에는 불확정성 원리를 발표했는데, 이는 양자역학의 확률적인 성격과 예측 불가능성을 상징하는 철학적 원리가 되었다.

름으로 갈 수 있는 허가를 얻었다. 그는 조용히 주변을 정리한 후 스톡홀름을 거쳐 미국으로 망명했다. 이 외에도 많은 과학자들이 자의로, 타의로 독일을 떠나야 했다.

이런 상황 속에서 유대인의 피가 섞여 있는 리제 마이트너도 결코 안전하지 않았다. 1933년 그녀 또한 베를린 대학 교수직에서 해고되었다. 다행히 그녀가 연구하던 카이저빌헬름 화학연구소는 정부의 간섭이 덜한 편이어서 연구를 지속할 수는 있었다. 또한 반유대주의 정서에도 불구하고 오스트리아 국적자였기에 화학연구소에서 계속 일할 수 있었고, 주변에서도 그러는 편이 마이트너의 안전에 더 나을 것이라고 생각했다. 그러나 1938년 상황이 급변했다. 1938년 3월, 히틀러는 자신의 조국이기도 했던 오스트리아를 보호한다는 명분으로 독일에 합병시켰다. 3월 15일, 총통을 맞이하기 위해 열린 환영 행사에 모여들었던 몇십만 명의 빈 군중들은 행사가 끝나고 난 후에 유대인들의 집으로 달려가 구타하고 집을 부수고 값나가는 것들을 들고 나왔다. 오스트리아에서도 광기가 시작된 것이다.

히틀러가 오스트리아를 합병하면서 그동안 그녀를 보호해주었던 '외국인'이라는 신분이 더 이상 유효하지 않게 되었다. 당장 그녀가 연구소를 나가야 한다고 수군대는 사람들이 생기기 시작했다. 그녀는 오토 한과 이 문제에 대해 심각하게 의논했고, 한 또한 연구소의 윗사람들과 이에 대해 논의했다. 상황은 매우 불확실했다. 그동안의 성과로 보나 명성으로 보나 마이트너가 떠날 이유가 없다고 긍정적으로 보는 사람도 있는 반면에, 하루빨리 연구소를 떠나는 것이 그녀에게나 연구소에나 좋을 거라고 말하는 사람들도 있었다. 마이트너의 기대와 달리 오토 한은 그녀에게 빨리 떠날 것을 종용했고, 그녀는 한의 차가운 태도에 매우 낙담했다.

한의 냉담한 태도와 주위의 적대적인 시선에도 마이트너는 쉽사리 마음을 결정하지 못했다. 후일의 상황을 아는 우리의 입장에서 보면 이때 마이트너는 사태의 심각성을 제대로 인식하지 못하고 있었다. 변호사를 만나서 오스트리아의 합병 이후 자신의 신분이 어떻게 되었나를 확인해보기도 했고 연구소를 떠날 경우 연금을 받을 수 있는가를 알아보기도 했으며 지인들을 통해 상황을 파악해보려는 노력을 기울이기는 했지만, 베를린을 떠나는 문제를 심각하게 고려하지는 않았다. 마이트너의 고민은 어떻게 독일을 안전하게 떠날 것인가가 아니라, 어떻게 하면 베를린 연구소에 남을 수 있는가였다.

마이트너의 상황을 심각하게 여겼던 것은 오히려 외국에 있는 동료 과학자들이었다. 그들은 마이트너의 상황이 점차 나빠지고 있다는 것을 알고 도와주기 위해 백방으로 노력했다. 마이트너가 공식적으로 독일을 빠져나올 수 있는 기회를 제공하기 위해 학회나 강연, 발표 자리를 만들어 초청장을 보내기도 했다. 오스트리아가 독일에 합병되고 이틀 후, 스위스 취리히에 있던 물리학자 파울 셰러Paul Scherrer, 1890~1960는 여름에 열릴 학회나 매주 열리는 콜로키움colloquium에 마이트너를 연사로 초청하는 편지를 보내주었다. 코펜하겐의 보어 또한 마이트너를 초청하는 편지를 보냈다.

지역 물리학회와 화학협회를 대신해서 나는 당신이 이른 시일 안에 우리 세미나에서 인공방사능족에 대한 선생의 연구 성과를 알려주기를, 그래서 우리 회원들에게 대단한 즐거움과 풍부한 가르침을 주기를 부탁하는 바입니다. 날짜는 당신의 편의에 맞게 조정할 수 있습니다만, 5월 중순 이전에 오는 것이 가능하다면 우리에게는 더할 나위 없이 좋을 것입니다. 물리학회와 화학협회가 모든 여행 경비를 지불한다는 것은 말할 필요도 없을 테고, 코펜하겐에 있는 동안 우리 집에 머문다면 내 아내와 나는 무척 기쁠 것입니다.

미국에 있었던 절친한 친구이자 물리학자인 제임스 프랑크는 마이트너의 미국 이민 신청 절차에 들어갔다. 이처럼 외국에 있는 동료 과학자들이 보내주는 초청장들은 마이트너에게 독일을 떠나야 하는 공식적인 이유를 제공해주는 효과가 있었다. 또한, 외국 과학자들이 마이트너의 안전에 대해 계속 신경을 쓰고 있다는 것을 알려서 독일 정부에 일종의 압력을 전달하는 기능도 했다.

오토 한은 연구소를 위해서, 그리고 한 자신을 위해서 마이트너가 연구소를 떠나는 것이 좋겠다고 생각했지만, 30년 넘도록 함께 일한 동료의 안위 역시 그에게는 중요했다. 한도 외국의 동료 물리학자들과 만나서 마이트너에게 좋은 조건을 제공할 수 있는 자리들을 알아보는 데 힘을 썼고, 독일 내에서도 여러 네트워크를 통해 정보를 입수하고 그녀를 돕기 위해 애썼다.

계속되는 주위의 우려와 도움에도 불구하고 마이트너는 독일을 떠날 결심을 쉽사리 굳히지 못했다. 독일을 떠난다는 것은 그동안 그녀가 이룩해놓은 모든 것을 버리고 떠난다는 것을 의미했다. 베를린의 연구소는 지난 30년 동안 그녀가 온 열정을 쏟아부은 곳이었다. 이제 그녀는 59세로, 낯선 곳에서 새로운 삶을 시작하기에는 벅찬 나이였다. 게다가 새로운 곳에서 그녀가 하던 연구를 계속할 수 있을지도 미지수였다. 아직까지도 마이트너는 독일에 남는 것에 희망을 걸고 작은 가능성이라도 찾기 위해 노력했지만, 빈에서 들려온 소식은 그녀를 좌절시켰다. 빈 라듐 연구소의 소장이자 마이트너의 친구였던 마이어는 유대인이라는 이유로 소장직을 그만두어야 했고 다른 유대인 동료 과학자들은 모두 연구소에서 쫓겨났다. 마이트너도 이제 독일을 떠나기로 마음을 굳혀야 하는 상황에 이르렀다.

코펜하겐에서 다시 초청장이 왔다. 보어가 있는 코펜하겐은 물리학자들의 유쾌한 천국이자 안식처였으므로 그녀는 그 곳에 가기로 결심했다. 다음 날, 비자를 신청하러 덴마크 영사관을 찾은 마이트너는 예상치 못했던 문제에 부딪혔다. 독일에 합병된 상황에서 마이트너의 오스트리아 시민권이나 오스트리아 여권으로는 덴마크 비자를 받을 수 없다는 것이었다. 연구소에서는 해고 운운하는 말들이 들려오는데 그렇다고 외국으로 나갈 수도 없는 상황에 처했다.

5월 20일 그녀는 카이저빌헬름 연구소의 회장인 카를 보슈Carl Bosch, 1874~1940에게 도움을 청했다. 보슈는 내무부 장관에게 이 문제를 직접 문의해보기로 했다. 내무부 장관에게 보내는 편지에서, 보슈는 마이트너가 잠깐 외국에 나갔다 오는 것이 가능하게 독일 여권을 새로 내줄 것을 부탁했다. 보슈가 편지를 보내고 나서 한동안 아무런 답변도 오지 않았다. 생각했던 것보다도 사정은 더 안 좋아 보였다.

6월 14일, 나쁜 소문이 들려왔다. 독일 정부가 기술자들과 학자들의 출국을 금지시키는 법안을 곧 발표할 것이라는 소문이었다. 여러 사람들에게서 동시에 확인할 수 있는 것으로 보아 단순한 소문은 아닌 듯했다. 그리고 6월 16일, 드디어 보슈의 편지에 대한 답장이 돌아왔다.

> …… 마이트너 교수의 국외 여행에 여권을 내주지 않은 정치
> 적인 고려들은 여전히 유효합니다. 잘 알려진 유대인이 독일
> 을 떠나 국외로 나가는 것은 바람직하지 않다고 여겨집니다.
> 그들이 나가서 독일 과학의 대표자인 체하거나 그들의 명성이
> 나 또는 거기에 걸맞은 경험을 들고 나서서 독일에 반대하는
> 속마음을 드러낼 수도 있으니까요. 분명히 카이저빌헬름 연구
> 소는 마이트너가 사임을 하고 난 후에도 독일에 남아 있는 방
> 법을 찾을 수 있을 것이고, 상황이 허락한다면 그녀는 카이저
> 빌헬름 연구소의 이익을 위해 개인적으로 연구를 계속할 수도
> 있을 것입니다.

마이트너에게 내무부의 편지가 이야기하는 바는 명확했다. 첫째, 마이트너는 연구소를 그만두어야 했다. 둘째, 마이트너는 외국으로 나갈 수 없게 되었다. 셋째, 마이트너는 내무부의 관심을 끌게 되었으므로 마이트너가 움직이는 것은 더 어렵게 되었다.

마이트너의 국내외 동료들은 더욱더 마음이 급해졌다. 조건이 문제가 아니었다. 하루빨리 마이트너를 독일에서 빠져나오게 하는 것이 급선무였다. 베를린과 국외의 물리학자들은 편지나 전보에 암호를 사용하여 마이트너를 빼내기 위한 계획을 진행했다. 사적인 편지들마저도 나치의 검열에 걸릴 수 있다는 것을 알고 있었기 때문이다. 네덜란드의 디르크 코스터르^{Dirk Coster, 1889~1950}와 아드리안 포커르^{Adriaan Fokker, 1887~1972}가 마이트너를 지원해줄 만한 산업계나 학계, 재단 등을 알아봤고 출입국 관리에게 마이트너의 입국 허가를 받아내려고 애썼다. 또한 보어의 네트워크를 통해 스웨덴 스톡홀름에 곧 완성될 만네 시그반^{Manne Siegbahn, 1886~1978}의 핵물리연구소에 그녀를 위해 자리를 하나 만들 수도 있다는 소식이 전해졌다.

7월 11일 월요일, 네덜란드 친구들을 통해 드디어 마이트너의 네덜란드 입국 허가가 떨어졌다. 그날 저녁, 마이트너의 네덜란드행에 동행할 목적으로 코스터르가 베를린으로 조용히 들어왔다. 코스터르는 피터 디바이^{Peter Debye, 1884~1966}와 함께 마이트너의 도피 계획에 대해 의논했다. 유효한 여권이 없는 상태에서 가장 큰 문제는 국경을 넘는 일이었다. 베를린으로 오기 직전, 코스터르는 네덜란드 쪽 국경 관리들에게 이미 사정을 이야기한 상태로, 만약 독일 국경 관리들이 마이트너를 보내주려고 하지 않는다면 그들과 친분이 있는 네덜란드 관리들이 그들을 설득해주는 것에 희망을 걸었다. 도피 날짜는 7월 13일 수요일 아침으로 정해졌다. 그때까지 마이트너가 국외로 도피하려 한다는 것을 다른 사람들이 눈치채지 못하게 해야 했다.

7월 12일 아침, 연구소에 나온 마이트너는 한으로부터 코스터르와 디바이가 짠 계획을 전해 들었다. 낮 동안에는 아무 일 없다는 듯이 평소처럼 행동했다. 젊은 연구원의 논문을 고쳐주고 하던 연구를 계속하고, 그렇게 저녁 8시까지 일하며 30년 동안 애정을 쏟아왔던 연구소에서의 마지막 날을 보냈다. 집으로 돌아와 짐을 쌀 수 있는 시간은 겨우 1시간 반. 오토 한의 도움을 받아 두 개의 작은 짐가방에 베를린 생활을 정리했다. 그러고는 한의 집으로 가서 그의 네덜란드행을 아는 얼마 안 되는 동료들과 마지막 작별의 밤을 보냈다. 그 자리에서 30년지기 동료 오토 한은 어머니로부터 물려받은 다이아몬드 반지를 마이트너에게 건넸다.

다음 날 아침, 동료 물리학자 파울 로스바우트 Paul Rosbaud, 1896~1963의 차를 타고 코스터르가 기다리는 기차역으로 향했다. 기차역에 거의 다다랐을 때 마이트너는 겁에 질려 차를 돌려달라고 간청할 정도로 긴장해 있었다. 다행히 기차를 타고 국경을 건너는 동안 나치친위대Schutzstaffel, SS의 검문도, 국경에서 되돌려 보내지는 일도 일어나지 않았다. 그날 저녁 6시, 마이트너는 네덜란드 흐로닝언Groningen에 무사히 도착했다. 코스터르는 걱정하고 있을 베를린의 오토 한에게 전보를 쳤다. "아기가 잘 나왔고, 모든 것이 잘되었다." 한의 답장이 왔다. "진심으로 축하한다. 최근에 약간 걱정했었는데, 그 소식을 들으니 무척 기쁘다. 어린 딸의 이름은 뭐라고 지을 건가?"

사실 마이트너가 국경을 무사히 넘을 수 있었던 것은 행운이었다. 조심을 했건만, 마이트너의 옆집 사람이 그녀의 도피를 눈치 채고 경찰에 신고했던 것이다. 신고를 받은 경찰들은 그들이 잘 알고 있는 과학자에게 이 일을 알아봐달라고 했다. 운 좋게도 그 과학자가 마이트너의 제자였던 덕에 마이트너의 도피는 꽤 시간이 지난 후에야 밝혀지게 되었다.

7월 26일, 약간의 문제가 있었지만 드디어 스웨덴 입국 비자가 나왔다. 7월 28일 마이트너는 네덜란드 친구들이 모아준 약간의 돈을 가지고 코펜하겐으로 향했다. 그리고 거기서 보어와 조카 프리슈를 만난 후, 8월 1일 낯선 스톡홀름으로 떠났다.

히틀러의 유대인 박해는 1차 세계대전의 패전으로 절망, 불안감, 패배감에 빠져 있던 독일 국민의 감정을 이용해 집단적인 광기를 끌어낸 대표적인 마녀사냥으로 볼 수 있다. 친구들의 도움으로 무사히 스웨덴으로 망명할 수는 있었지만, 과학자로서 마이트너는 치명적인 상처를 입었다. 스웨덴에서 마이트너는 모든 것을 바닥에서부터 시작해야만 하는 상황에 처한 것이다. 1930년대 대공황의 여파로 과학계는 연구비 부족에 시달리고 있었고, 1933년부터 쏟아져 나온 유대계 망명 과학자들로 미국이나 유럽 과학계는 이미 포화 상태였다. 마이트너의 위급한 소식을 듣고 보어를 비롯하여 네덜란드, 영국, 미국 등지에 있던 친구 과학자들이 적당한 자리를 수소문했지만 마이트너를 지원해줄 만한 재원을 찾기는 쉽지 않았다. 이에 네덜란드 과학자들은 십시일반으로 그녀의 네덜란드 체류비를 모아줄 계획까지 세웠었다. 한마디로 마이트너는 너무 늦게 나왔기 때문에 그동안의 그녀의 이력, 명성, 경험에 어울리는 자리를 찾을 수 없었던 것이다. 어렵사리 구한 스웨덴 시그반 핵물리학연구소에서 그녀가 얻을 수 있던 것은 조교 직함이었다. 실험실 설비는 그보다 더 나빴다. 당시 시그반 핵물리학연구소는 연구소 건물도 그제야 겨우 완성되어가던 곳으로, 마이트너를 맞았던 것은 실험기구들로 채워지길 기다리는 썰렁한 실험실이었다. 연구소장 시그반은 이제 막 출범한 연구소를 꾸려나가기에 바빠 마이트너까지 신경쓸 여력이 없었기 때문에 그녀는 혼자 힘으로 실험기구들을 하나하나 마련해야 했다. 스웨덴 말도 제대로 못하는 마이트너의 고립감은 깊어갔다. 예순의 나이에 그녀는 세상에 홀로 던져진 아이가 된 것이다. 마녀사냥에서 목숨을 구할 수 있었지만, 깊은 상처는 피할 수 없었다.

'나'를 규정하는, 혹은 나를 설명하는 요소들을 생각해보자. 내가 하는 일, 내 국적, 내가 태어난 마을, 내가 사는 도시, 성별, 인종, 계급, 종교, 내가 다니는 혹은 다녔던 각종 학교들, 내가 좋아하는 영화, 내가 싫어하는 음식, 내가 잘하는 일, 내가 싫어하는 일, 내가 신봉하는 이념 등등 나를 설명할 수 있는 항목들은 매우 많다. 다시 말하면, 내가 누구인지, 즉 내 정체성을 구성하는 항목들은 매우 다양하며 그중에서 어떤 것이 나를 가장 잘 설명할 수 있다고 여기는지는 사람마다, 시대마다 매우 다르다.

마녀사냥은 사람을 구성하는 여러 요소 중 한 요소만을 절대적인 기준으로 삼았을 때 나타나기 쉽다. 근대 초 마녀사냥에서는 종교가, 나치의 유대인 학살에서는 인종이, 미국의 매카시즘에서는 이념이 절대적 기준으로 작용했고, 이것을 기준으로 이분법적 나누기가 이루어진 것으로 볼 수 있다. 이렇게 하나의 기준으로 사람들을 나눌 때 한 사람의 정체성을 구성하는 다른 요소들은 그 가치를 잃게 된다. 나치의 유대인 학살을 보면, 단지 혈통상 유대인이라는 이유만으로 애국적인 독일인도, 훌륭한 학자도, 착한 이웃도 모두 유대인 수용소로 끌려갔던 것이다.

마리 퀴리는 과학자, 여성, 폴란드인, 프랑스인, 어머니, 교수, 파리 사람, 노벨상 수상자 등 많은 요소들로 특징지어지는 사람이었지만 과학아카데미 회원에 입후보했을 때는 노벨상 수상자나 세계적으로 명성을 얻은 물리학자라는 점보다 여성이라는 정체성만이 유독 강조되었고, 랑주뱅과의 스캔들에서는 폴란드인이라는 점이 부각되었다. 나치 정권은 노벨상 후보로 수차례 추천을 받은 과학자, 베를린 대학의 물리학과 교수, 카이저빌헬름 연구소의 연구원 등등 리제 마이트너의 모든 특징들을 유대인이라는 인종적 특징으로 억눌러버렸다.

마녀사냥에서처럼 하나의 특징이 다른 여러 가지 특징들을 제치고 나를 규정짓는 요소로 부각된다면 내 행동과 사고는 그로 인해 제약받고 불편해지지 않을까? 오늘날 여성 과학자들은 예전처럼 노골적인 차별을 받지는 않는다. 하지만 여성 과학자들에게 과학자라는 점보다 여성이라는 점이 부각되면 그것이 여성 과학자들의 사고와 행동의 범위를 제한할 수도 있고, 여성 과학자 본인이 여성이라는 틀 속에서 스스로를 검열하는 결과를 낳을 수도 있다. 이런 분위기에서 여성 과학자들이 제 역량을 발휘하게 되는 데는 여러 가지 눈에 보이지 않는 어려움들이 작용하게 될 것이다.

현재 여성 과학자의 수가 상대적으로 너무 적기 때문에 여성 과학자들의 비중을 높이기 위해서는 제도적인 장치가 필요하다. 예컨대 선후배 여성 과학기술자 사이의 멘토링 제도 같은 것을 생각해볼 수도 있다. 하지만 더욱 근본적으로 필요한 것은 남성과 여성이라는 이분법적 잣대로 보는 사회적 시각의 변화라 할 수 있고 이는 다양성의 존중과 일맥상통한다고 할 수 있다. 다양한 정체성이 각각의 가치를 인정받는 사회에서는 남성/여성이라는 기준이 더 이상 절대적인 가치로 작용하지 않을 것이기 때문이다.

Chapter 3

Marie Curie

대화

TALKING

Lise Meitner

과학은 남성을 선호하는가?

"과학은 객관적이다!" 과학의 객관성에 대한 믿음은 과학에 어떤 학문보다도 더 강한 지적 권위를 부여해주었다. 그런데 과학의 객관성이라는 것은 어떤 의미일까? 소박한 수준에서 말한다면, 과학의 객관성이란 과학이 명백한 관찰 데이터에 기반하고 있기 때문에 합리적 이성을 가진 사람이라면 누구나 그로부터 도출된 과학적 이론의 진위 여부를 판별할 수 있고, 이런 점에서 과학적 이론은 연구자의 주관에 의해 '오도'되지 않는다는 것을 의미한다. 과학의 객관성은 과학의 불편부당함을 보장해주는 것으로 보인다. 연구자의 주관이 개입될 여지가 없는데 어떻게 과학이 정당하지 못하게 한쪽 편을 들어줄 수 있겠는가?

하지만 페미니즘 연구자들은 과학의 남성 편향성에 대해 지적한다. 객관적이라는 과학이 어떻게 남성에게 더 호의적일 수 있단 말인가? 대학원에서 물리학을 공부하고 있는 두 명의 여자 대학원생들의 이야기를 들어보자.

|마리| 아유, 열 받아!

|리제| 왜? 무슨 일 있어?

|마리| 우리 실험실 남학생들은 정말 기사도 정신이 없어. 하나같이 집안에서 아들이라고 떠받들어 키웠는지 정말 여자를 위할 줄 몰라.

|리제| 무슨 일인데 그래?

|마리| 방금 콜로키움 있었잖아. 오늘 발표할 연사가 빔 프로젝터를 쓰겠다고 해서 그걸 설치해야 했거든. 그런데 우리 실험실 남학생들이 그동안 돌아가면서 콜로키움 발표 준비를 했으니까 이번엔 나보고 하라는 거야. 발표장까지 빔 프로젝터랑 노트북 들고 가느라 힘들어 죽을 뻔했어. 그런 걸 나같이 연약한 여자한테 시켜야겠어? 인정머리 없는 인간들 같으니라고.

|리제| 발표장에 그런 것도 아직 설치가 안 되어 있어? 그 건물 꽤 후졌네. 근데, 빔 프로젝터에 노트북 정도면 들고 갈 만하지 않아?

|마리| 뭐, 사실 못 들 정도의 무게는 아니라서 투덜댈 일은 아니긴 해. 하지만, 다른 일에서는 남녀평등 같은 거 뻥긋도 안 하던 사람들이 이런 일에만 남녀평등 운운하니까 열 받더라고. 꼭 자

기네 편한 데서만 남녀평등이래. 중요한 일에서는 여자라면서 쏙 빼버린단 말야. 지난번엔 한 선배가 아주 좋은 컴퓨터를 사게 돼서 그동안 쓰던 컴퓨터를 연구실에 가져왔었어. 누구 필요한 사람 가져다 쓰라고. 어쩌다 보니 컴퓨터를 분해해서 필요한 부분들을 나눠 갖게 됐어. 내 컴퓨터 CD롬이 말썽을 부려서 선배 컴퓨터에서 CD롬 좀 가져가려고 했더니 내 옆에 있던 딴 남자 선배가 컴퓨터 조립하고 분해할 줄도 모르면서 가져가면 뭐 하느냐고 정말 무시하듯이 말하더라고. 모르긴 내가 왜 몰라? 컴퓨터 조립이라면 자기들보다 내가 더 많이 해봤을 텐데. 정말 웃기지도 않아서.

|리제| 그래서 CD롬은 챙겼어?

|마리| 아니, 그 선배 말에 기분 상해서 그만뒀어.

|리제| 그냥 조립할 수 있다고 하면서 챙겨 오면 되잖아.

|마리| 꼭 쓸 줄도 모르면서 공짜라면 사족 못 쓰고 달라붙는 사람처럼 말하잖아. 여자라고 컴퓨터 조립도 못 하나, 뭐!

|리제| 사실, 나도 요즘 실험실에서 좀 기분 상한 일이 있어.

|마리| 뭔데? 뭔지 말해봐.

|리제| 얼마 전에 석사 논문 주제를 정했거든. 그 일주일 전쯤에 교수님이 논문 주젯거리를 3개 말해주고 나를 포함해서 3명의 학생에게 곰곰이 생각해서 그중 하나를 선택하라고 하셨어. 난 그중에서 첫 번째 주제를 정말 하고 싶었어. 그래서 일주일 동안 도서관에서 관련 자료도 좀 찾아보고 웹에서 최신 논문도 다운 받아서 읽어보고 그랬거든. 준비를 많이 해서 내가 그 주제에 적합한 사람이란 걸 교수님께 보여주고 싶었어.

|마리| 그런데?

|리제| 근데, 교수님과 만난 자리에서 대뜸 교수님이 "첫 번째 주제는 태욱이가 한다면서?"라고 말씀하시는 거야. 알고 봤더니 태욱이는 선배들한테 그 주제 하고 싶다고 떠벌리고 다녔던 거 있지. 그래서 교수님 귀에까지 그 소리가 들어간 거야. 결국 난 별로 하고 싶지 않았던 주제를 하게 됐어.

|마리| 아유, 답답해……. 너도 그 자리에서 그 주제 하고 싶다고, 준비 많이 했다고 말하면 되잖아.

|리제| 교수님이 이미 확정된 것처럼 말하는데 거기서 나서기가 그렇더라고. 남자 애들은 왜 내실부터 다지지 않고 왜 떠벌리기부터 하는지 몰라!

|마리| 리제야, 너나 나나 둘 다 남자 애들 탓할 게 아니라, 우선

그 자리에서 먼저 말 못 한 답답한 우리부터 탓해야겠다 ㅋㅋ.

|리제| 그런가……. 하지만 실제 실험실에 있다 보면 내가 여자라서 손해 본달까, 아니면 여자라서 적응하기 어렵달까 할 때가 종종 있어. 그런데, 그걸 딱히 말로 표현하기가 힘들 때가 많아. 그건 어떤 사건으로 일어나는 게 아니라 느껴지는 거라서…….

|마리| 나도 그럴 때가 가끔 있는데……. 예전에 여성과 과학의 관계에 대한 책을 읽은 적이 있어. 그 책에 따르면, 물리학은 남성적이야.

|리제| 물리학이 어떻게 남성적일 수가 있어? 물리학이 얼마나 객관적인 학문인데…….

|마리| 물리학의 내용이나 그런 게 남성적이라는 게 아니라 물리학이 지닌 이미지가 그렇다는 내용 같았어. 물리학은 자연의 가장 근본적인 원리를 찾아내는 학문처럼 보이잖아. 다른 과학이랑 다르게 굉장히 초월적인 무언가를 추구하는 것처럼 보이고. 그런 이미지가 과학자를 꼭 신이라는 초월적인 존재를 찾는 사제처럼 느껴지게 한다는 거야. 실제로 뉴턴은 자신의 역학 연구가 자연 속에서 신의 존재를 입증하고 있다고 생각하기도 했대. 그런데 너도 알다시피, 사제는 남자들만 할 수 있잖아. 그러니까 사제 같은 분위기의 물리학자들 사이에 들어간 여성 물리학자는 남성적 문화 속에 던져지는 거지. 어쩌면 우리가 느끼는 불편함

은 거기에서 연유하는 것일지도 몰라.

|리제| 그러니까 그 책의 저자는 물리학자들의 문화가 남성적이라는 거구나.

|마리| 뭐, 그렇다고 할 수 있지. 하지만 과학 내용조차도 남성 편향적일 수 있다는 연구도 있어.

|리제| 어떻게 그게 가능하지? 말도 안 되는 소리 같은데……

|마리| 성에 관한 연구는 다루는 주제 때문인지 남성 편향성이 쉽게 드러나는 분야래. 아, 18세기 해부학자들은 여성과 남성의 골격이 다르다고 생각했대. 남성과 비교해볼 때, 여성은 전체 몸에 비해 두개골이 작고 그에 비해 골반은 크고. 그래서 해부해놓은 뼈 그림만 봐도 단박에 남자인지 여자인지 알 수 있게 골격 그림을 그렸대. 남자 두개골이 더 크니까 당연히 남자가 머리도 더 좋다고 했었나 봐. 그런데, 그렇게 따지면 인간보다 두개골이 더 큰 동물은 얼마든지 많으니까 우리보다 더 머리가 좋다고 해야 하잖아. 그래서 그 이론은 사라지게 되었나 봐. 그다음에는 몸 전체에 대한 두개골의 비율로 머리 좋은 정도를 정하려고 했는데, 이번에는 당황스럽게도 여자의 비율이 남자보다 높게 나오는 거야. 두개골 비율로 지능을 따지는 건 남자 머리가 더 좋다는 사회적 관념이랑 잘 안 맞게 되니까 그 이론은 또 힘을 못 쓰게 되고. 대신 여자의 머리 비율이 큰 것과 아이들의 머리 비율

이 크다는 유사점이 강조되면서 여자의 머리 비율은 여자가 아이들처럼 아직 덜 성숙한 존재라는 걸 보여주는 증거로 사용되었다지, 아마.

|리제| 어, 여자 머리 비율이 큰 걸 보면 진짜 여자가 더 똑똑한 거 아니야?

|마리| 그랬으면 좋았으려나? ㅋㅋ 아쉽게도 20세기 초에 한 여성 학자가 머리 크기랑 지능은 아무 상관이 없다는 걸 통계적으로 보여주면서 머리 크기와 지능을 연결 짓던 논의들은 완전히 퇴출되게 되었대.

|리제| 그러고 보니 나도 비슷한 얘기를 들은 적이 있어. 난자랑 정자랑 수정 과정을 설명하는 걸 보면 정자는 서로 경쟁하듯이 난자로 돌진하는 것처럼 그려지는 반면에, 난자는 정자가 올 때까지 그저 하는 일 없이 선택당하기를 기다리고 있는 것처럼 그려졌대. 마치 잠자는 숲 속의 공주처럼 자신에게 키스해줄 왕자님을 무기력하게 기다리고 있을 뿐이었지. 그런데, 나중 연구로 밝혀진 바에 따르면 난자는 잠자는 공주처럼 그냥 가만히 있는 게 아니었대. 적극적으로 정자를 유도하고, 또 정자가 난자 안으로 들어올 때 난자막을 녹일 수 있는 화학 물질을 분비하기도 한다나 봐.

|마리| 정말? 그럼 정자가 난자막을 '뚫고' 들어오는 게 아니라

난자의 도움을 받아 들어오는 거구나. 정말 협력적인 관계네. 근데, 그동안은 왜 난자가 그러는 걸 모르고 있던 거야? 실험 테크닉이 덜 발달해 있어서 그랬나? 아님, 과학자들이 어리석었나?

|리제| 그건 아닌가 봐. 예전에는 과학자들이 난자보다 정자에 더 관심을 가졌었나 봐. 알잖아, 정자는 남성에 비유되고, 난자는 여성에 비유되는 거. 그런 상징성의 영향으로 정자에 대한 연구는 활발히 이루어진 반면, 난자에 대한 관심은 덜했었나 봐. 사회에서 여자가 찬밥이니 몸속의 여성 대표자 난자도 찬밥 취급을 받았던 거야. 근데, 잘 생각해봐, 정자가 남자야? 정자가 크면 남자가 돼?

|마리| 혼자서야 못 되겠지만, 난자랑 만나면 되는 거 아닌가? 가만, 아, 아니네……. X염색체를 가진 정자라면 난자랑 만나도 여성이 되는 거구나.

|리제| 그렇지. 그리고 난자도, 정자도 혼자서는 아무런 성도 지닐 수 없는 거잖아. 이게 명백한 과학적 사실인데도, 오랫동안 정자는 남자 취급 받아서 관심을 많이 받을 수 있었던 거야. 난자에 대한 관심은 1960년대 여성운동이 활발히 일어난 이후에야 증가했다더라고.

|마리| 그럼 과학 연구의 내용조차도 성적인 편향성을 띨 수 있다는 얘기지?

|리제| 어, 논리적으로 그렇게 연결이 되네……. 이런, 그건 과학의 객관성에 문제가 생기는 거잖아. 그렇게 객관적이지 못한 과학은 잘못된 나쁜 과학 아니야?

|마리| 뭐, 생식의 경우엔 나쁘다고 할 것까지야 없지 않을까? 정자에 대한 연구 결과까지 잘못되진 않았을 거 아냐. 다만 연구 주제가 남성적으로 편향되어 있어서 여성이 상대적으로 소외되었던 게 문제라고 할 수 있겠지만.

|리제| 우리 둘이 알긴 꽤 많이 아는걸. 그치?

|마리| 정말. ^^ 근데, 많이 알면 뭐 해. 머리랑 행동이랑 다르게 가니 문제지. 머리는 21세기인데, 행동은 19세기 식으로 소극적이었으니 말야. 우리 머리를 따라갈 수 있게 행동을 좀 더 분발해보는 게 어떨까?

😎 이슈

ISSUE

Lise Meitner

과학 연구에
여성적 스타일이 존재하는가?

과학에 성에 따라 구별되는 연구 스타일이 존재할까? 1993년 과학 잡지 《사이언스Science》에는 "과학에 '여성적 스타일female style'이 존재하는가"라는 글이 실렸다. 저자 마샤 바리나가Marcia Barinaga는 이에 대해 상반된 양측의 입장을 모두 들려주었다.

여성적 스타일이 존재한다고 주장하는 사람들은 다음과 같은 것들을 여성적 스타일의 특징으로 지적했다. 가장 큰 특징은 여성이 남성들과는 달리 경쟁보다는 협력을 선호한다는 점이다. 하버드 대학 교수인 과학사학자 제럴드 홀턴Gerald Holton, 1922~과 거하드 소너트Gerhard Sonnert, 1957~가 수행했던 "액세스 프로젝트Project Access"는 이런 특징을 지지해주는 것처럼 보인다. 두 연구자는 미국 국립과학재단National Science Foundation이나 국립연구위원회National Research Council로부터 박사후 연구 장학금을 받은 여성과 남성 각 100명을 인터뷰하여 이들이 과학 전문직에 접근하는 양태를 조사했다. 이 연구 결과에 따르면, 남성 연구자들이 경쟁이 심한 핫 토픽^{hot topic}을 선호했던 반면, 여성 연구자들은 문제가 잘 규정되어 있는 분야에서 상대적으로 적은 수의 동료들을 접할 수 있는 분야를 선호한다.

또한 여성은 남성들에 비해 과학 연구를 안정된 돈과 지위를 보장해주는 직업으로 인식하는 경향이 적었다. 이에 따라 남성들은 자신의 분야에서 인정받을 수 있는 경력을 쌓는 데 상대적으로 많은 신경을 쓰고 성과를 높이기 위해 가능한 많은 수의 논문을 발표하려고 하는 경향이 있다. 이 점은 럿거스^{Rutgers} 대학의 낸시 디토마소^{Nancy DiTomaso}가 미국 기업에서 일하는 여성 과학기술자 700명과 남성 과학기술자 2,500명을 대상으로 했던 연구에서도 발견할 수 있다. 이 연구에 따르면, 논문 발표 수에서 여성은 남성에 비해 1/2~2/3 정도에 그친다. 하지만 홀턴과 소너트의 연구에 따르면 논문 인용률은 여성의 경우가 더 높다. 즉, 남성들이 더 많은 논문을 내려고 노력하는 동안, 여성은 양질의 논문을 내기 위해 노력한다는 것이다.

연구실 운영에 있어서도 여성 과학자들은 경쟁을 선호하지 않는다고 한다. 노스캐롤라이나 대학의 분자생물학자 릴리 설스^{Lillie Searles}는 진지한 고민 끝에 연구실을 학생들 사이의 경쟁을 부추기는 장소가 아니라 학생들 개개인의 다양성과 개성을 존중하고 각각의 학생들에게 사적으로 접근하는 장소로 만들기로 했다. 흑인으로서 자신이 느꼈던 소외감의 경험을 되새겨 보며 그녀는 학생 개개인에게 다가가는 접근법을 택한 것이다. 경쟁을 피하는 그녀의 방식은 전형적인 여성적 스타일에 해당한다고 한다.

이에 대한 반론을 제기하는 사람들은 경쟁 성향은 젠더보다는 지위와 명성과 더 관련이 깊다고 주장한다. 이미 명성을 얻은 과학자들은 중요한 문제를 다루게 되면서 여러 그룹과의 경쟁을 피할 수 없는 반면에, 그렇지 않은 과학자들은 실패할 확률이 더 적은 문제를 선택하게 된다는 것이다.

여성적 스타일이 있다고 주장하는 사람들은 남성적 스타일 속에서 많은 여성들이 불편함을 느끼게 된다고 설명한다. 경쟁적인 성향의 남성들은 상대방의 주장에 귀 기울이기보다는 자신의 주장이 옳다는 것을 설득하려고 하는 반면, 여성들은 더 좋은 결론을 도출하기 위해 서로의 주장에 귀 기울이고 협력을 하려고 하는데, 이런 상반된 경향들이 만났을 때 여성적 스타일의 연구자들은 자신이 무시되었다는 느낌을 받게 된다는 것이다. 명백하게 잘 드러나지 않는 이런 불편함들은 과학계에 여성의 수가 적은 것에 대해서 꽤 많은 부분을 설명해줄 수 있을 것으로 보인다.

그럼, 과학 연구에서 여성적 스타일은 협력적인 반면, 남성적 스타일은 경쟁적이라고 결론지을 수 있을까? 결론에 도달하기 전에 한 가지 연구를 더 살펴보도록 하자. 일본의 가속기 연구소에서 일하는 미국, 일본 과학자 집단을 근거리에서 관찰하고 비교 분석했던 섀런 트라윅^{Sharon Traweek}의 연구는 매우 흥미로운 시사점을 던져준다. 그 연구에 따르면 위에서 남성 스타일과 여성 스타일로 규정되었던 특징들은 각각 미국 입자물리학자 집단과 일본 입자물리학자 집단의 특징을 나타내주었다. 미국 과학자들은 경쟁적인 반면, 일본 과학자 집단은 매우 협력적인 특징을 보였다. 물론 양 집단은 대부분 남자들로 구성되어 있었다. 그런데, 일본 과학자 집단에 속해 있던 한 일본인 여성은 미국 경험을 통해 매우 경쟁적인 연구 스타일을 지니고 있었는데, 그녀는 일본 연구자 집단에서 후배를 챙기지 않고 자신의 성과를 위해서만 연구하는 이기적인 사람으로 비난받았다고 한다.

종합해보면 남성적 스타일이나 여성적 스타일이라고 규정지을 수 있는 본질적인, 고유한 특징은 존재하지 않는 것으로 보인다. 그 사회의 문화에 따라 남성적 스타일도, 여성적 스타일도 바뀔 수 있다. 하지만 많은 사회와 다양한 문화 속에서도 바뀌지 않는 점은, 규범으로 채택되는 것은 언제나 남자들의 연구 스타일이라는 것이다. 지금 우리가 바꿀 필요가 있는 것은 남자들의 것을 표준이나 정상으로 보게 만드는 바로 그 문화가 아닐까?

여성은 능력이 떨어진다?

여성 과학기술자의 생산성 논쟁

　과학계에서 여성은 명시적으로든 암묵적으로든 다양한 차별을 받고 있다. 과학과 여성의 관계에 대해 오랫동안 연구해왔던 과학사학자 마거릿 로시터는 미국 과학계를 대상으로 여성들이 과학계에서 받는 차별을 위계적 차별, 연구 영역에서의 차별, 그리고 제도적 차별로 나누어 설명한 바 있다.

　위계적 차별^{hierarchical segregation}은 과학계에서 높은 자리로 올라갈수록 여성 과학기술자의 수가 적어지는 현상을 일컫는 것이다. 1990년대 중반 미국 이공계를 대상으로 수집된 통계 자료에 따르면, 학부 이공계 학생 중 절반에 이르던 여학생의 비율은 대학원에 가면 30%로 떨어지고 다시 교수급으로 올라가면 10%를 겨우 넘는 정도로 떨어진다.

　연구 영역에서의 차별^{territorial segregation}은 여성이 특정한 연구 분야에 집중되어 있는 현상을 말한다. 1990년대 여성 연구자들은 생명과학, 행동과학, 사회과학과 같은 '부드러운 과학'에 집중되어 있는 반면, 물리학 같은 '딱딱한 과학'을 전공하는 여성은 전체의 9%에 불과하다고 한다. 사실 여성들이 한 분야에 집중되어 있는 것 자체는 문제가 아니지만, 여성들이 몰리는 분야가 학문적 지위가 상대적으로 낮은 것으로 인식되거나 임금이 낮은 분야라는 점은 문제가 될 수 있다. 시대에 따라 '더 좋은' 분야는 바뀌고 있지만, 여성 연구자들이 상대적으로 낮은 학문적 지위를 갖고 있다고 여겨지는 분야에 집중되어 있다는 점은 시대가 변해도 바뀌지 않는다.

제도적 차별institutional segregation은 두 가지 측면을 강조한다. 첫째, 남성 연구자들에 비해 여성 연구자들은 상대적으로 명성이 높은 대학이나 연구 기관에서 일하는 비율이 낮다. 하버드나 버클리와 같은 일류급 대학 교수 중 여성이 차지하는 비율은 다른 대학에 비해 더 낮은 것으로 밝혀졌다. 오늘날 그 격차가 상당히 줄기는 했지만, 남녀 과학기술자가 받는 임금 수준에도 차이가 있으며 높은 자리로 올라갈수록 그 차이는 더욱 커지는 경향이 있다고 한다.

로시터가 지적했던 차별은 1990년대 중반의 상황을 나타낸 것으로, 10년도 더 지난 오늘날에는 상황이 많이 호전되었다. 여성 연구자들이 집중되었던 생물학 분야의 위상이 높아진 반면 남성 연구자들이 대다수를 차지했던 물리학 분야의 위상은 상대적으로 낮아진 것도 과학계에서 여성의 위상을 높이는 데 중요한 역할을 했을 것으로 보인다. 하지만 이런 변화에도 불구하고 여성이 남성보다 과학적, 공학적 두뇌가 떨어진다는 생각은 쉽사리 변하지 않고 있다. 그와 같은 생각이 왜 변하지 않는 것일까? 실제로 여성의 과학적, 공학적 능력이 뒤떨어지는 것은 아닐까?

1979년 조너선 콜은 『불공평한 과학^{Unfair Science}』에서 객관적 수치에 근거해서 이와 같은 일반적인 생각이 틀리지 않다고 주장했다. 그는 과학기술계에 종사하는 남녀 연구자들의 논문 편 수를 조사하여 실제로 남성 연구자들에 비해 여성 연구자들이 더 적은 수의 논문을 발표하고 있다는 점을 보였다. 이 통계 조사에 근거해서 콜은 여성들이 남성에 비해 생산성이 낮으며, 이런 점에서 볼 때 여성들이 겪는다고 주장되는 불평등은 실상 능력에 맞는 대우라고 주장했다. 아니, 오히려, 각종 남녀 차별 금지 정책으로 인해 여성들은 그들의 생산성보다 더 나은 대접을 받고 있고, 이런 점에서 과학계의 남녀 차별 금지 정책이 오히려 남성들에게 역차별을 가할 수도 있다고 주장했다. 이 점은 앞서 언급한 낸시의 연구에서도 재차 확인된 바 있다.

하지만 주목해야할 점은 홀턴과 소너트의 연구에서 볼 수 있듯이 논문 인용도에 있어서는 남성보다 여성이 앞선다는 것이다. 즉, 남성들이 더 많은 논문을 내려고 노력하는 동안, 여성은 양질의 논문을 내기 위해 노력한다는 것이다. 각각의 논문을 놓고 비교하면 여성의 논문이 남성의 논문에 비해 더 많이 인용되었다. 이는 여성들이 적은 수의 논문을 발표하지만, 발표하는 논문에 많은 공을 들여 질 좋은 논문을 생산해낸다는 것을 의미했다. 즉, 여성들은 양보다 질에 치중한다는 것이다.

왜 여성들이 더 많은 논문 대신 더 좋은 논문을 내는 쪽을 선택했을까? 혹자는 남성들에 비해 여성이 과학 연구를 직업으로 보는 경향이 적으며, 논문을 더 많이 출판하여 이력을 쌓고 학계의 인정을 받아 더 좋은 자리, 더 높은 지위로 올라가는 데 상대적으로 신경을 덜 쓴다는 점에서 그 이유를 찾기도 한다. 여성 과학자들이 경쟁보다 협력을 더 중시하고 이 때문에 경쟁적으로 더 많은 논문을 내는 것에 가치를 덜 둔다는 점이 지적되기도 한다. 이런 설명들은 여성 연구자들이 남성 연구자들과는 다른 여성 특유의 연구 스타일을 지니고 있다는 점을 내포하고 있다. 즉 여성들의 '자연스러운' 경향을 그 이유로 들고 있는 것이다. 하지만 이와 같은 설명은 양보다 질을 추구하는 여성 연구자들의 경향을 경쟁, 협력, 직업 등등의 용어로 풀어낼 뿐이지, 그 이상의 설명을 제공해주지는 못하고 있다.

왜 여성 연구자들에게 이런 경향이 나타나는 것일까? 이 질문에 실마리를 제공할 흥미로운 실험을 하나 소개하겠다. 내용과 형식이 똑같은 논문을 저자의 이름만 바꿔서 준비했다. 하나에는 존 T. 매케이$^{John\ T.\ McKay}$, 다른 하나에는 조앤 T. 매케이$^{Joan\ T.\ McKay}$를 저자로 표기했고, 나머지 하나는 저자를 J. T. 매케이로 썼다. 그러고는 실험 대상자들에게 이 논문들에 점수를 매겨달라고 요청했다. 그 결과, 저자의 이름만 다른 동일한 논문이었지만 논문이 받은 점수는 차이가 났다. 누가 가장 좋은 점수를 받았을까? 예상했겠지만, 가장 높은 점수를 받은 것은 남성 저자의 이름, 즉 '존'이 쓴 것으로 되어 있는 논문이었다. 여성 '조앤'과 중성인 'J. T.'에 대해서는 평가가 엇갈렸는데, 보통 'J.

T.'가 '조앤' 보다 좋은 점수를 받았지만, 여성이 자신의 성별을 감추기 위해 'J. T.'라고 썼다고 생각하는 사람들은 그 논문에 매우 낮은 점수를 주었다고 한다. 모두 동일한 논문이었음에도 불구하고 말이다.

이 결과가 의미하는 것이 무엇인지를 짐작하는 것은 그리 어렵지 않을 것이다. 이 실험 결과는 같은 수준이라 하더라도 여성의 연구는 남성의 연구보다 더 낮은 평가를 받을 가능성이 높다는 것을 보여준다. 다시 말하면, 여성들은 남성보다 더 높은 수준의 연구를 해야 겨우 남성과 비슷한 평가라도 받을 수 있다는 것이다. 실제로 미국의 일류급 대학에 진출한 여성 연구자들과 남성 연구자들을 비교해보면, 여성 연구자들은 남성의 3배가 넘는 연구를 했을 때에나 일류급 대학에 발을 들여놓을 수 있었다고 한다. 한마디로, 여성 연구자에게는 질적으로나 양적으로 더 높은 기준을 들이댄다.

대학을 다니면서, 대학원에서, 그리고 연구자로서의 경험을 통해 여성 연구자들은 이런 불평등한 기준을 감지하게 된다. 이 기준에 맞춰야 한다는 압력에 의해 여성들은 남성보다 더 좋은 논문을 쓰기 위해 더 많은 노력을 해야 한다. 이러니 논문 수가 적은 것은 당연한 결과가 아니겠는가.

한 가지 주목할 점은 위에서 본 것처럼 여성 연구자들에 대한 차별이 명시적으로 드러나지 않는다는 것이다. 조앤보다 존의 논문에 더 좋은 점수를 주는 사람들이 의식적으로, 의도적으로 그랬을까? 대부분은 그렇지 않을 것이다. 이처럼 여성 연구자에 대한 차별은 차별을 하는 사람조차 의식하지 못하는 상태에서 이루어지기 때문에 실제적인 문제로 포착해내기가 쉽지 않다. 차별을 받는 여성 연구자 입장에서도 감지할 수는 있지만 그 문제를 정확하게 포착해내기 어렵기 때문에 개인적인 불만을 토로하는 것 이상으로 이 문제를 끌고 가기 어렵다. 여성에 대한 차별이 이처럼 은밀하고 무의식적인 상태에서 이루어진다는 점을 확실히 인식하고 의도하지는 않았더라도 내 생각과 태도, 말 속에 차별적인 요소가 들어 있지 않았는지를 반성하고 고쳐가려는 노력, 이것이 여성의 차별을 사라지게 하는 작지만 중요한 출발점이 될 것이다.

에필로그

Epilogue

지식인 지도

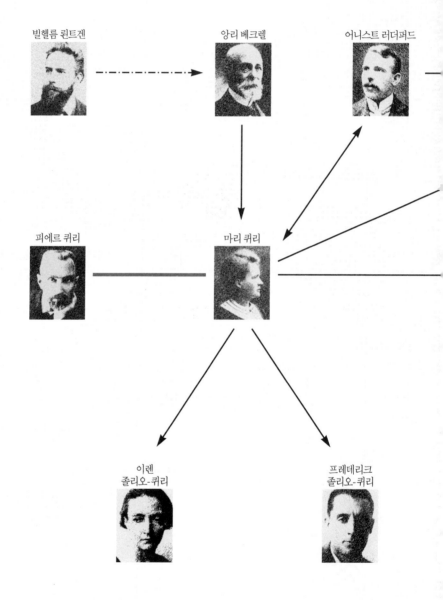

범　　　례
──────▶　영　향　관　계
━ · ━ ▶　간접적 영향 관계
◀━━━━▶　자극 · 경쟁 관계
━━━━━　협　력　관　계

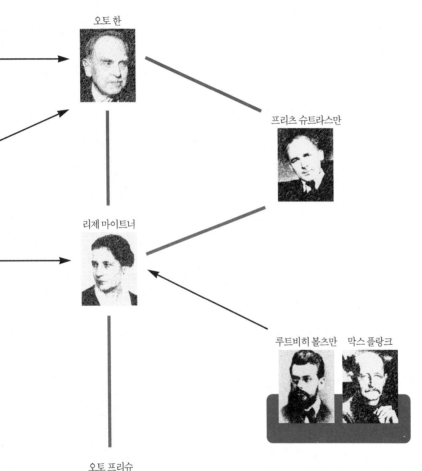

오토 한

프리츠 슈트라스만

리제 마이트너

루트비히 볼츠만　막스 플랑크

오토 프리슈

지식인 연보

• 마리 퀴리

1867	폴란드 바르샤바에서 태어남
1876	언니 조시아가 발진 티푸스로 사망
1878	어머니가 결핵으로 사망
1883	제3김나지움 수석 졸업
1886~1889	조라프스키가 가정교사로 일하며 언니 브로냐의 유학 경비 마련
1889	가정교사를 하면서 이동대학을 다님
1891	파리 소르본 대학에 입학, 수학과 물리학 공부
1893	물리학 전공 학사 학위 수석으로 취득 알렉산드로비치 장학금 받음
1894	피에르 퀴리와 만남. 수학 전공 학사학위
1895	피에르와 결혼
1896	고급교사 자격시험 수석 합격
1897	첫딸 이렌 출산. 박사 논문 주제로 베크렐선(방사선) 연구 시작
1898	피에르도 방사선 연구에 합류. 폴로늄과 라듐 발견
1900	세브르 여자 고등사범학교에 교사로 임용됨
1903	피에르와 앙리 베크렐과 함께 노벨 물리학상 공동 수상
1904	《르 라듐》 창간. 둘째 딸 에브 출산
1906	피에르가 마차 사고로 사망. 퀴리는 소르본 물리학 교수가 됨

• 리제 마이트너

1947	스톡홀름 왕립기술연구소(Kungliga Tekniska högskolan, KTH) 물리학과 연구교수에 임명됨
1949	한과 함께 독일 물리학회의 막스 플랑크 메달 수상
1954	오토 한상(Otto Hahn Prize) 수상
1959	서독에 한·마이트너 핵연구소 개관
1966	한·슈트라스만과 엔리코 페르미상 수상
1968	90번째 생일을 며칠 앞두고 사망

키워드 찾기

• **방사능**^{radioactivity} 원자핵이 자발적으로 에너지와 방사선을 방출하고 좀 더 안정적인 상태로 변하는 현상. 1896년 베크렐이 우라늄에서 처음으로 발견했고, 1898년 마리 퀴리가 이 현상에 대해 '방사능'이라는 이름을 붙였다. 1934년 마리 퀴리의 맏딸인 이렌과 사위인 프레데리크(졸리오-퀴리 부부)는 보통의 원자핵을 변환시켜 인공적으로 방사능을 띠게 할 수 있다는 것을 발견했다.

• **방사선**^{radioactive rays} 방사성 원소가 붕괴될 때 방출되는 선으로, α선, β선, γ선으로 구성되어 있다. α선은 헬륨의 2가 양이온으로, 방사선 중 질량이 가장 커서 투과력이 가장 약하다. β선은 빠른 속도로 운동하는 전자로, 투과력이 강하다. γ선은 파장이 $10^{-11} \sim 10^{-12}$m의 전자기파로, 방사선 중 가장 투과력이 강하다.

• **X선**^{x-ray} 전하를 띤 입자가 빠르게 운동하다가 갑자기 정지할 때 혹은 원자 내 전자가 전이할 때 방출되는 전자기파로 $10^{-10} \sim 5 \times 10^{-12}$m의 파장을 갖는다. 1895년 뢴트겐에 의해 발견되었다. X선이 가지고 있는 강한 에너지로 인해 X선은 다른 원자를 이온화시키는 능력이 강하여 이후 원자 물리 연구에 활발히 응용되었고, 또한 강한 투과력으로 인체 내부의 뼈를 볼 수 있게 해주었으므로, 발견 초기부터 의학적으로 활발하게 응용되었다.

• **핵분열**^{nuclear fission} 원자량이 큰 무거운 원소가 비슷한 원자량을 가진 두 개의 원소로 분열하면서 방사선과 에너지를 방출하는 현상. 1938년 카이저빌헬름 화학연구소의 오토 한과 프리츠 슈트라스만이 우라늄에 중성자를 충돌시켜 우라늄보다 무거운 초우라늄 원소를 찾는 실험을 하던 중 그 현상을 발견했고, 리제 마이트너는 이 현상을 핵분열로 보고 아인슈타인의 E=mc²으로 핵분열에서 방출되는 에너지를 설명했다. 우라늄처럼 무겁고 불안정한 원소의 원자핵에 중

성자를 충돌시키면 원자핵이 두 개의 원자핵으로 분열하면서 다량의 에너지와 방사선, 그리고 자유 중성자를 방출하는데, 이때 방출된 중성자는 주변의 다른 원자핵에 충돌하여 핵분열을 연쇄적으로 일으킨다(연쇄반응). 마이트너의 핵분열 이론은 원자폭탄의 이론적인 가능성을 열어놓았다.

깊이 읽기

• 에브 퀴리, 『마담 퀴리』 – 이룸, 2006

마리 퀴리에 대한 최초의, 그리고 가장 유명한 전기로 일부가 국어 교과서에 실린 적도 있다. 마리 퀴리의 둘째 딸인 에브 퀴리가 1938년 『퀴리 부인 Madame Curie』이라는 제목으로 출판한 후, 마리 퀴리에 대한 가장 표준적인 전기로 자리잡았다. 저자가 퀴리의 딸이라는 점에서 가까이에서 지켜본 퀴리를 볼 수 있다는 장점과, 객관적인 시각보다 퀴리의 위대함에 집중되어 있다는 단점이 공존한다.

• 레미 뒤사르, 『마리 퀴리』 – 동아일보사, 2003

조금 가볍고 편한 마음으로 마리 퀴리를 만나고 싶은 사람들에게 이 책을 권한다. 짧은 전기에 풍부한 사진 자료와 퀴리가 주고받은 편지, 일기 등 원사료가 곁들여져 있어서, 뷔페에서 이것저것 먹어보는 것과 같은 재미를 느낄 수 있다.

• 사라 드라이·자비네 자이페르트, 『마리 퀴리 : 과학의 역사를 새로 쓴 열정의 과학자』 – 시아출판사, 2005

뒤사르의 책보다 조금 더 깊이 있는 전기를 읽고 싶은 독자라면 사라 드라이와 자비네 자이페르트의 전기가 도움이 될 것이다. 과학자로서의 퀴리와 한 명의 인간으로서의 퀴리를 잘 녹여내 보여주고 있고, 일반적으로 알려진 마리 퀴리의 인상과는 조금 다른 모습을 간간이 제시하고 있다. 퀴리를 더 알고 싶다면 책 뒤에 실린 참고문헌이 꽤 도움이 될 것이다.

• 마리 퀴리, 『내 사랑 피에르 퀴리』 – 궁리, 2000

마리 퀴리가 쓴 남편 피에르 퀴리의 전기. 피에르 사후 그의 지인들이 쓴 추모의 글, 이렌 졸리오-퀴리가 정리하고 설명을 붙인 폴로늄과 라듐 발견 실험 일지, 피에르가 죽은 후 슬픔에 젖어 마리 퀴리가 썼던 일기 등 사료로서 가치가 높은 자료들이 피에르의 전기에 이어 실려 있다.

• 에밀리오 세그레, 『X선에서 쿼크까지』 – 기린원, 1994
1959년 반양성자 발견으로 노벨 물리학상을 수상한 이탈리아 출신의 물리학자 에밀리오 세그레(Emilio Segrè, 1905~1989)가 쓴 현대 물리학사 이야기. 퀴리와 마이트너뿐 아니라 보어, 아인슈타인, 하이젠베르크, 파울리, 러더퍼드, 페르미 등 세그레가 제자로서, 친구로서, 물리학 동료로서 가까이에서 지켜보았던 현대물리학의 대가들의 이야기가 그들이 이뤄낸 발견과 함께 흥미롭게 전개되어 있다. 사진이 취미였던 세그레가 수집하고 찍은 동료 학자들의 사진을 통해 딱딱한 물리학의 세계와 부드러운 물리학자들의 세계를 동시에 만날 수 있다는 것도 장점이다.

• Susan Quinn, 『Marie Curie, A Life』 – Simon & Schuster, 1995
에브 퀴리가 그려낸 희생적이고 영웅적인 위인의 모습에서 한 발짝 물러서서 여성 과학자이자 한 인간으로서 마리 퀴리가 겪었던 고뇌를 설득력 있게 그려냈다. 특히 마리 퀴리가 경험했던 어려움을 통해 20세기 초 프랑스 사회, 프랑스 과학계의 모습을 잘 그려내고 있다.

• Ruth Lewin Sime, 『Lise Meitner: A Life in Physics』 – University of California Press, 1996
여성 과학자를 다룰 때 한 꼭지로 짧게 다룬 경우를 제외한다면, 한글로 쓰인 마이트너의 전기를 찾기는 쉽지 않다. 실상 영어까지 포함하더라도 퀴리에 비하면 마이트너의 전기는 적은 편이다. 화학자였던 루스 사임은 소속된 학과의 유일한 여성 교수로서의 경험으로 인해 여성 과학자에 관심을 갖게 되어 마이트너의 전기를 쓰게 되었다고 한다. 마이트너의 삶과 과학을 시간순으로 비교적 상세히 기술했다.

• Patricia Rife, 『Lise Meitner and the Dawn of the Nuclear Age』 – Birkhäuser, 1999
제목에 나와 있는 것처럼 이 책은 핵폭탄의 등장에 초점을 맞춘 마이트너의 전기다. 이 때문에 2차 세계대전 이후의 마이트너의 활동에 대해서는 10쪽이 안

되는 에필로그에서 간략히 다루고 있는 것이 아쉽다. 다만 사임의 전기에 비교해볼 때 좀 더 초점이 뚜렷한 것이 장점이다.

• 오조영란·홍성욱 엮음, 『남성의 과학을 넘어서 − 페미니즘의 시각으로 본 과학·기술·의료』 − 창작과비평사, 1999

과학과 젠더에 대한 과학기술사 학계의 문제의식을 알고 싶다면 이 책이 큰 도움이 될 것이다. 과학과 성, 의료와 기술, 역사 속의 여성과 과학 등의 주제를 통해 상당수가 남성으로 이루어진 과학계에서 남성성이 어떤 방식으로 강화되어가는지, 그것이 왜 여성에게 문제가 되는지를 다루고 있고, 한국에서 여성 과학자들이 겪는 경험과 여성 과학자들의 미래에 대한 전망도 포함되어 있다. 책 말미에 포함되어 있는 14인의 여성 과학자들에 대한 간략한 전기에는 마리 퀴리, 리제 마이트너를 포함하여 훌륭한 연구 업적에도 불구하고 우리에게 많이 알려져 있지 않은 여성 과학자들이 소개되어 있다.

EPILOGUE5

~~~~~~

찾아보기

Marie Curie
&
Lise Meitner